BIBLIOTHÈQUE
DES MERVEILLES

PUBLIÉE SOUS LA DIRECTION

DE M. ÉDOUARD CHARTON

LES MACHINES

PARIS. — IMP. SIMON RAÇON ET COMP., RUE D'ERFURTH, 1.

BIBLIOTHÈQUE DES MERVEILLES

LES
MACHINES

PAR

ÉDOUARD COLLIGNON

OUVRAGE ILLUSTRÉ DE 82 VIGNETTES

PAR BONNAFOUX, JAHANDIER ET MARIE

PARIS

LIBRAIRIE HACHETTE ET Cie

79, BOULEVARD SAINT-GERMAIN, 79

1873

LES MACHINES

INTRODUCTION

Tout le monde sait que la *mécanique* a pour objet l'étude des *forces* et de leurs effets, c'est-à-dire du *mouvement* et de l'*équilibre*, et qu'elle est susceptible de deux grandes applications, d'une part au système du monde, de l'autre aux machines et à l'industrie. La première branche constitue la *mécanique céleste*, la seconde, la *mécanique industrielle*. C'est de la mécanique industrielle que nous aurons spécialement à nous occuper ici.

Une machine est un produit de l'intelligence et du travail de l'homme, destiné à suppléer à notre faiblesse, en nous permettant de faire un emploi utile des forces que la nature met à notre disposition. Le principal but à atteindre dans la construction des machines est d'utiliser les forces naturelles qui se trouvent à notre portée, et d'obtenir par là une satis-

1

faction de plus en plus complète de nos besoins et de nos goûts. Quelque étendu que soit ce programme, et il est encore bien loin d'être entièrement épuisé aujourd'hui, il y a des esprits chimériques qui ne s'en contentent pas et qui demandent davantage. Ils voudraient qu'une machine créât des forces nouvelles au lieu d'exiger l'emploi de forces préexistantes. Chaque année, on voit un bon nombre de ces rêveurs perdre ainsi leur temps et leurs ressources à la poursuite d'un miracle. Créer de la force est en effet aussi impossible à l'homme que de créer de la matière, et quiconque veut y réfléchir reconnaît sans peine que notre action ici-bas se borne simplement à diriger vers un certain but des transformations dont le monde physique fournit tous les éléments, sans que nous ayons le pouvoir de rien créer ni de rien détruire.

On peut partager les machines en deux classes :

Les unes, qu'on nomme spécialement *outils*, sont pour l'homme comme un complément de ses organes. Telle est l'aiguille pour le tailleur, la scie pour le menuisier, la bêche pour le cultivateur, etc.

Les autres sont les *machines proprement dites*, qui, moyennant l'intervention d'un moteur étranger, suppriment ou réduisent le travail humain, en donnant le mouvement à une série d'outils ou de machines plus simples. Les roues hydrauliques et les machines à vapeur, dont l'usage est aujourd'hui si fréquent, appartiennent à cette seconde classe.

Quelle que soit la complication des dispositions adoptées pour l'accomplissement d'un travail indus-

Fig. 1. — Scierie mécanique.

triel, on trouvera toujours dans l'usine où s'effectue ce travail :

Un *moteur* ;

Un *récepteur* ;

Diverses *transformations de mouvement* ;

Et des *outils* qui font le travail voulu.

Supposons, pour fixer les idées, qu'il s'agisse de faire des planches avec les arbres d'une forêt. La scierie qu'on établira dans cette forêt sera placée auprès d'une chute d'eau ; cette eau servira de moteur. Le récepteur sera la roue sur laquelle l'eau viendra agir. Divers organes, mis en jeu par la roue, transformeront le mouvement de l'arbre de couche dans le mouvement des scies (fig. 1). D'autres organes imprimeront en même temps à l'arbre débité un déplacement lent qui permettra à la scie de prolonger son trait à travers le bois. La scie constitue l'outil principal. Le travail produit est identique à celui des scieurs de long (fig. 2), et tout l'artifice de l'industriel se résume dans l'emploi d'une chute d'eau pour couper ses planches avec plus de rapidité et plus d'économie.

Nous nous proposons de passer en revue, non pas toutes les machines, mais du moins quelques-unes parmi les plus intéressantes. L'analyse sommaire que nous venons de présenter indique déjà les points principaux qui doivent être l'objet de notre examen : d'abord les moteurs, avec les récepteurs qui en forment pour ainsi dire la contre-partie; puis les transformations de mouvement; enfin les outils, et le rôle qu'ils jouent dans les diverses branches du travail

industriel. Mais le point de vue mécanique ou géométrique n'est pas le seul auquel on doive se placer
dans une telle étude. Le point de vue économique et
moral a bien aussi son importance, et notre travail
serait trop incomplet si nous passions tout à fait
sous silence un sujet si digne d'intérêt. Il ne sera pas

Fig. 2. — Scieurs de long.

inutile enfin, avant d'entrer en matière, de donner
un aperçu de l'histoire des machines, et c'est par là
que se terminera notre introduction.

HISTOIRE SOMMAIRE DES MACHINES

On a donné bien des preuves de la supériorité de
l'homme sur les animaux : le sentiment religieux, la

conscience morale, la parole articulée, l'opposition du pouce aux autres doigts de la main, la puissance de capitaliser, et le progrès qui en est la suite, sont autant d'avantages exclusivement accordés par Dieu à l'espèce humaine. A cette liste déjà longue, nous ajouterons la faculté que possède l'homme de se servir d'outils. Qu'on observe les animaux : on verra certaines espèces *travailler*, dans le sens propre du mot; elles se construisent des abris, elles s'approvisionnent pour un hiver. Mais dans ces diverses opérations l'animal se sert uniquement de ses organes, et le secours des outils lui demeure tout à fait étranger. Chez l'homme, au contraire, l'outil est devenu depuis un temps immémorial le compagnon inséparable du travailleur. Faut-il, avec la Genèse, rapporter à Tubal-Caïn, fils de Sella[1], la gloire d'avoir le premier forgé le fer et l'airain, et d'avoir inventé les *arts utiles?* Doit-on plutôt, avec la science moderne, admettre un *âge de pierre*, pendant lequel la hache de silex était la principale arme de nos aïeux? Toujours est-il que l'histoire, dès les plus anciennes époques dont elle ait conservé le souvenir, nous montre l'homme en possession de l'outil et des machines les plus simples. Nulle part on n'a trouvé une peuplade tellement arriérée et tellement sauvage, qu'elle fût complétement dépourvue de ces utiles auxiliaires. Ainsi le veut la faiblesse du corps humain. Réduit aux seules ressources de son organisation naturelle, l'homme serait resté sans défense exposé à l'injure des intempéries et à la

---

[1] Génèse, IV, 22.

dent des bêtes féroces. L'outil lui a permis de soutenir cette double lutte, dont il est sorti vainqueur. C'est l'*industrie*, en un mot, qui a permis au genre humain de vivre, de se développer, de conquérir le globe et d'exercer sur toutes les autres espèces une suprématie absolue.

Au premier rang parmi ces outils auxquels l'humanité est redevable de tous les progrès accomplis, nous devons placer les armes. Elles ont été les outils du chasseur avant d'être ceux de l'homme de guerre. Le perfectionnement de cette classe spéciale d'instruments ne s'est pas fait attendre. Si loin que nous remontions la série des monuments antiques, nous trouvons l'image de l'homme armé, occupé d'attaque et de défense, imaginant les armes défensives pour se garantir des coups de l'ennemi, inventant les armes de main et de jet pour lui en rendre de plus sûrs et de plus rapides. Il n'est guère question dans les historiens des premiers âges que de guerres et de batailles. La plupart des auteurs s'étendent avec complaisance sur les descriptions de l'armement du soldat. Bien peu s'intéressent au même degré au travail réellement productif, qui était alors le lot des esclaves. Aussi lorsque, beaucoup plus tard, on songea à transmettre à la postérité les procédés mécaniques suivis par les anciens ingénieurs et les anciens architectes, un grand nombre de ces procédés étaient déjà tombés dans l'oubli. L'histoire des arts offre donc bien des lacunes. Personne ne sait, par exemple, comment s'y prenaient les anciens Égyptiens pour porter à une hauteur prodigieuse les pierres qui couronnent leurs pyra-

mides ; nous ne savons pas davantage de quels engins s'aidaient les anciens Celtes pour remuer les
énormes blocs de leurs *dolmens*, pour dresser debout
leurs *pierres-levées*, et pour répandre à profusion, à
travers les landes sauvages, ces témoins encore sub-
sistants de leur foi et de leur grandeur..

L'antiquité, en fait de mécanique, nous présente
un nom seulement, mais ce nom est assez grand pour
illustrer toute une époque. *Archimède*, le premier de
tous les géomètres, a la gloire d'avoir fondé la science
des forces, au troisième siècle avant Jésus Christ :.
Le plus grand mérite dans les sciences ne consiste
pas à savoir beaucoup ; l'érudition pure ne fait pas
plus un mathématicien qu'elle ne fait un poëte ou un
philosophe. La gloire s'attache de préférence aux noms
de ceux qui ouvrent de nouveaux horizons à l'esprit
humain, et qui préparent un travail fécond aux efforts des générations futures. A cet égard, Archimède
domine tous les autres. Il n'est presque pas de branches des mathématiques modernes, géométrie, calcul
intégral, calcul différentiel, dont le germe ne se retrouve dans ses méditations déjà vieilles de plus de
vingt siècles. Mais c'est dans la mécanique surtout
qu'il a devancé son temps. Si la géométrie, enrichie
par ses méthodes, est parvenue dès l'antiquité à un
haut degré de perfection, la mécanique devait longtemps sommeiller après lui, et ne se réveiller que dix-
huit cents ans plus tard, pleine d'ardeur et brillante
de jeunesse, entre les mains de Galilée.

Les principaux traits de l'histoire d'Archimède sont
connus de tout le monde. On sait à quel contrôle il sou-

init la conduite peu scrupuleuse de l'orfèvre du roi Hiéron. On sait aussi qu'en bon citoyen il coopéra de tout son pouvoir à la défense de Syracuse, sa ville natale, contre les Romains qui étaient venus l'assiéger. Les historiens ont voulu sans doute donner une haute idée de sa puissance. A les croire, Archimède aurait, avec des lentilles, incendié à distance les vaisseaux des ennemis ; ses machines auraient enlevé les trirèmes, et les laissant retomber dans la mer, en auraient noyé es équipages. Ce qu'il y a de certain, c'est qu'au bout de trois années de siége, la ville fut prise, et qu'Archimède périt dans le pillage qui suivit l'entrée des troupes romaines. Évidemment, la jactance grecque a exagéré l'influence du grand géomètre sur la durée de la résistance de la ville. L'histoire des siéges n'en doit pas moins signaler cette première intervention de la science dans la défense des places fortes. D'autres géomètres distingués ont été, dans les temps modernes, appelés à subir de semblables épreuves ; Meusnier à Mayence, en 1793, Carnot à Anvers, en 1814, pour ne citer que des noms français, se sont montrés de dignes héritiers de l'antique défenseur de Syracuse.

Un mot malheureux, rapporté par Pappus et devenu classique, fait peser sur la mémoire d'Archimède une hérésie mécanique dont il n'est certainement pas coupable : « Donnez-moi un levier et un point d'appui, aurait-il dit, et je soulèverai le monde. » Archimède, l'inventeur de la théorie du levier, savait mieux que personne qu'un levier ne crée pas de force ; il savait que la force d'un l'homme a une limite, et qu'appliquée au globe terrestre, avec ou sans le secours d'un levier, elle n'y pourrait produire qu'un déplacement imperceptible. Disons mieux, le mot attribué à Archimède n'a aucun sens, et c'est lui faire injure que de croire qu'il l'ait jamais prononcé.

Le moyen âge a laissé de nombreux monuments de l'habileté et de la persévérance de ses architectes. Pendant cette période, on travaillait lentement. On mettait cent ans à élever une belle cathédrale, qu'on ne finissait pas toujours. Un caractère commun à tous les travaux de cette époque, c'est l'emploi d'un grand nombre d'ouvriers, aidés par des machines rudimentaires. Et cependant le moyen âge n'a pas été entièrement dépourvu de génie mécanique. C'est une belle découverte, par exemple, que celle des *horloges à poids*, qui plus tard ont permis d'apporter tant de précision aux observations astronomiques. L'idée en a été empruntée à l'Orient, et c'est au moyen âge qu'elles ont commencé chez nous à détrôner les gnomons, sabliers et clepsydres. La première qu'on vit en France date du règne de Charles V, et est l'œuvre d'un artiste allemand. C'est aussi le moyen âge qui introduisit en Europe le *moulin à vent*, autre appareil rapporté de l'Orient et destiné à rendre les plus grands services à l'agriculture ; les premiers essais de cette machine dans l'Europe occidentale remontent au temps des croisades. Enfin, l'invention capitale du moyen âge est celle de la *poudre à canon*, qui mit au service de l'homme un moteur entièrement nouveau. Sans doute, le mélange de soufre, de charbon et de salpêtre qu'on a nommé poudre, était connu des Chinois, depuis plusieurs siècles ; les Romains, dans quelques pièces d'artifices, les Grecs de Constantinople, dans leur *feu grégeois*, employaient des compositions à peu près semblables. Mais ce n'est que vers le treizième siècle qu'on a commencé à se servir de la poudre, non comme d'un simple produit détonant ou incendiaire, mais comme d'un moteur particulier, propre à communiquer de grandes vitesses aux projectiles. Cette découverte a eu, au point de vue politique, d'incalculables conséquences. Au point de vue technique, elle a ouvert la voie à une foule de recherches importantes. On peut même y rattacher l'invention mécanique qui a accompli dans le monde industriel la révolution la plus radicale et la plus bienfaisante ; c'est, en effet, après avoir cherché à utiliser la poudre à canon pour mettre en mouvement un piston dans un corps de pompe, que Denis Papin a été conduit à construire la première *machine à vapeur*.

Nous étudierons avec quelque détail cette dernière machine, la plus belle création des temps modernes, qui a transformé les conditions d'existence de tous les peuples civilisés, et qui a enrichi la science de tant de notions précieuses sur la constitution intime des corps et sur la mécanique de l'univers. Quant à présent, bornons-nous à citer les hommes les plus marquants dans cette glorieuse histoire. Watt, le plus célèbre de tous, semble posséder l'intelligence complète de la perfection de la machine à vapeur ; il la transforme tellement, qu'on peut à bon droit le regarder comme son véritable inventeur ; Fulton, reprenant une idée de Papin, applique la vapeur à la propulsion des navires ; R. Stephenson crée le premier type pratique de locomotive. A cette liste de noms célèbres, il convient de joindre ceux des Sadi Carnot, des Meyer, des Joule, des Hirn, des Regnault, des Clausius, de tous ceux enfin qui, de notre temps, ont posé les bases et développé les principes de la *Théorie mécanique de la chaleur*.

La machine à vapeur n'est, en effet, qu'une application industrielle d'un grand principe physique, celui de *l'équivalence entre le travail mécanique et la chaleur*. La pratique, ici comme dans bien d'autres circonstances, a devancé la théorie ; la théorie, par contre, a souvent rectifié les préjugés de la pratique, et indiqué la seule voie dans laquelle les améliorations devaient être poursuivies. Cette pénétration réciproque entre la pratique et la science pure est un des caractères les plus frappants de l'époque contemporaine. Longtemps la scission entre elles a été à peu près complète ; d'un côté, les ingénieurs, les ouvriers, les artisans, faisaient volontiers consister toute la science dans l'étude des procédés traditionnels ; de l'autre, les savants, les penseurs, s'enfermaient dans leurs cellules ou leurs laboratoires, les uns pour y creuser à loisir quelque belle question de scolastique, les autres pour chercher, loin des profanes, la pierre philosophale ou la transmutation des métaux. La science moderne ne connaît plus cet amour du mystère ; elle a perdu le souvenir des temps malheureux où elle ne se révélait qu'à un petit nombre d'initiés. Elle parle la langue vulgaire, elle aime le grand jour, elle ne perd pas une occasion de se montrer utile et secourable. Des esprits chagrins déplorent cette tendance utilitaire ; ils y voient la cause d'un abaissement des études et les signes précurseurs d'une irrémédiable décadence. Nous croyons qu'ils se trompent, et qu'en somme la science pure a plus à gagner qu'à perdre à ces rapports continuels avec la réalité de la vie. L'isolement ne convient pas plus aux savants qu'aux autres hommes, et celui-là courrait grand risque de s'égarer, qui prétendrait se dérober à l'influence du milieu où la Providence l'a fait naître. Le danger n'est pas dans l'application de la science à l'industrie ; il serait bien plutôt dans le retour d'un schisme entre ces deux branches également légitimes de l'activité humaine ; or, c'est à quoi on aboutirait bien vite, si la science spéculative, dédaignant l'alliance à laquelle elle doit tant de conquêtes, retournait à la contemplation désintéressée des vérités abstraites, et laissait l'industrie s'immobiliser de nouveau dans l'empirisme et la routine.

Le *télégraphe électrique* offre un bel exemple de la portée pratique que peut avoir la science la plus élevée. La découverte de l'électricité en mouvement date de la fin du dernier siècle. Galvani la constate dans les contractions des grenouilles ; Volta imagine la pile ; Œrsted reconnaît l'influence d'un courant sur la direction de l'aiguille aimantée ; Ampère crée de toutes pièces la théorie des actions mutuelles

des courants électriques, et indique le parti qu'on
pourra en tirer pour les communications à distance.
Aujourd'hui, une électricité docile parcourt au
commandement de l'homme les mers et les continents, et établit des rapports presque instantanés
entre les points les plus éloignés du globe. Londres
converse sans effort avec Melbourne ou San Fran-
cisco. Certes on a brûlé autrefois, comme magiciens
vendus au démon, de pauvres diables qui étaient
bien loin d'avoir fait de tels prodiges.

Cette découverte, et tant d'autres, dues à l'étude pa-
tiente des lois naturelles, sans théorie préconçue,
ont contribué à développer un nouvel esprit par le
monde. L'*esprit moderne* est caractérisé par la prédominance des idées positives, qui relèguent au second rang les tendances mystiques et métaphysiques
de notre âme. Les caractères particuliers des nations
et des individus ajoutent, heureusement, une certaine variété de traits et de couleurs à ce fond commun qui, s'il existait seul, étendrait sur l'univers
entier la monotonie la plus fatigante. Chaque peuple
a son tempérament, et ne peut l'altérer que dans
une faible mesure. Le type le plus parfait de l'esprit
moderne se trouve, sans contredit, dans la nation
américaine, nation vieille d'un siècle à peine, qui
s'est trouvée développée tout à coup sans avoir eu
d'histoire, et chez laquelle les conflits sont peu à
craindre entre les aspirations de l'avenir et les traditions du passé. Là, l'utile règne en souverain absolu. Là, les ingénieurs sont des savants, les savants
sont des ingénieurs. Dans cette vie toute d'action où le

travail doit mener à la fortune, il y a peu de place
pour la méditation, il n'y en a point pour le rêve. Le
caractère industriel s'imprime sur toutes les conceptions ; l'art de la guerre lui-même, entre ces mains
laborieuses, devient une sorte d'industrie. On accuse
les Américains d'adorer le dieu Dollar. Non, ils savent
aussi, quand il le faut, s'imposer de lourds sacrifices,
et leur charité ne connait point de bornes, lorsqu'il
s'agit de secourir quelque grande infortune[1]. Ce
qu'on doit peut-être critiquer dans l'esprit qui règne généralement de l'autre côté de l'Atlantique,
c'est l'absence de distinction et d'élégance, c'est la
faiblesse du sentiment artistique, c'est un reste de
brutalité sauvage qui parfois dépare les plus loua-
bles qualités, c'est peut-être, enfin, l'erreur fondamentale des hommes *positifs* : ils croient n'estimer
que les biens matériels, les seuls réels d'après eux ;
ils ne s'aperçoivent pas que l'action déployée à la
poursuite de ces biens est l'élément qui leur donne
un véritable prix. Hélas ! combien d'insensés, même
ailleurs qu'en Amérique, achètent bien cher, dans
l'agitation et la fièvre, le droit de périr d'ennui
quand vient l'heure du repos, après avoir oublié de
vivre !

Avouons-le, notre temps s'est laissé un peu trop facilement séduire par les rapides progrès de la science
positive. Célébré sur tous les tons, en vers et en
prose, le triomphe de l'esprit humain n'a pas tardé
à devenir un des lieux communs les plus rebattus.

---

[1] On en a eu récemment des preuves après l'incendie de Chi-
cago.

Les vrais savants ont toujours connu la puérilité de ces tentatives d'apothéose. Plus ils pénètrent dans les secrets de la nature, plus ils voient de questions à résoudre, plus ils rencontrent d'énigmes à deviner. Quels que soient les progrès accomplis, nous sommes encore bien loin du temps où l'homme pourra, sans trop d'outrecuidance, se proclamer le roi de la création. Le but fuit devant nous à mesure que nous croyons nous en rapprocher et l'atteindre.

Il est permis du moins à l'imagination de devancer les conquêtes de l'avenir, et de nous montrer dès à présent l'homme en train d'effectuer des travaux justement qualifiés d'impossibles. Un spirituel écrivain, bien au courant des connaissances de son temps, s'est fait un jeu, dans une série d'ouvrages que tout le monde a lus, de conduire ses héros à travers les airs, de les faire descendre dans les profondeurs de la terre, de les promener au sein des flots, de les lancer dans l'espace et de les rapatrier sur notre globe, une fois le tour de la lune accompli. M. Jules Verne a ce mérite que ses personnages sont bien des êtres humains, et que l'abondance des détails techniques répandus dans ses ouvrages n'étouffe pas chez eux la spontanéité et la vie. Autre mérite éminent de l'auteur, la transition entre le réel et l'imaginaire est si habilement ménagée, qu'il est parfois difficile de déterminer le point où la réalité finit et où l'impossibilité commence. Assurément, nous ne voudrions pas affirmer qu'un jour ces voyages fantastiques deviendront possibles. Mais nous ne répondrions pas davantage qu'ils demeureront toujours impraticables. S'il y a de l'orgueil à exalter outre mesure le génie humain, il y en aurait peut-être plus encore à prétendre lui fixer des limites.

CHAPITRE PREMIER

DES MOTEURS

Nous examinerons successivement dans ce chapitre les principaux moteurs employés par l'industrie. Ce sont les *moteurs animés*, la *pesanteur*, les *ressorts*, le *vent*, la *chaleur*, l'*électricité*, etc.

MOTEURS ANIMÉS

Sous ce titre, on comprend l'homme, le cheval, le mulet, l'âne, le bœuf, le buffle, le chameau, etc.

Occupons-nous d'abord de l'homme.

Chaque perfectionnement des machines et des outils a été pour lui l'occasion d'une transformation de son rôle mécanique. La bêche lui a permis de fouiller le sol autrement qu'avec ses ongles ; la charrue, de labourer en quelques heures une surface de terre qui, avec la bêche, eût exigé plusieurs jours de travail. Autre progrès capital : l'homme a attelé un cheval à

sa charrue, et, grâce à cette combinaison, il a conduit
la machine au lieu de la tirer lui-même. Cette dernière révolution est comme le type de toutes celles
que la mécanique a pour objet d'accomplir : restreindre chez l'homme le rôle de la force, développer chez
lui le rôle de l'intelligence et de l'adresse.

Les premières machines qu'on ait inventées étaient
mises en mouvement par des hommes, parce qu'on
ne connaissait pas d'autre moteur. C'est sans doute
de là que dérive la plaie des temps antiques, l'esclavage. Le travail étant très-pénible, les théoriciens ne
se trouvaient pas à court d'arguments pour justifier
une constitution sociale dont l'iniquité nous révolte-
rait aujourd'hui. L'intelligence est le plus noble apa-
nage de l'espèce humaine : donc tout travail qui exige
seulement une dépense de force brutale est servile et
dégrade l'individu. Et comme on ne peut se passer
d'une foule de travaux de ce genre, on tournait la
difficulté en admettant dans la société deux classes
distinctes d'individus : les hommes libres et les esclaves. Les hommes libres s'occupaient de la guerre et
des discussions de la place publique ; le travail des
esclaves les dispensait des occupations inférieures.
Des républiques orageuses, toujours en guerre les
unes avec les autres, et dans la guerre cherchant,
comme le meilleur butin, des prisonniers à réduire
en esclavage, tel est le désordre dans lequel ont vécu
pendant des siècles les peuples les plus civilisés du
monde antique, sur la foi de ce préjugé que le travail
est servile et déshonore le travailleur. La paresse y
trouvait son compte. Quelle différence entre ce prin-

cipe et celui qui prévaut dans le monde moderne, où
l'état social repose tout entier sur le respect de la
propriété et de la liberté humaine, ou, en dernière
analyse, sur le respect du travail !

Il ne faudrait pas conclure du progrès déjà accompli que dès aujourd'hui les hommes n'aient plus à
remplir qu'un rôle exclusivement intellectuel, et que
les efforts musculaires leur soient désormais tous
épargnés. En général, un perfectionnement mécanique n'entraîne pas la suppression de tous les procédés antérieurement connus. On se sert de moyens
nouveaux, sans abandonner pour cela les anciens.
L'usage des voitures, par exemple, n'empêche pas
une foule de gens d'aller à pied ; les chemins de fer
n'ont pas supprimé les attelages ; la charrue n'a pas
fait oublier la bêche ; enfin on n'a jamais tant écrit
sans doute que depuis qu'on sait imprimer. Il n'y a
donc rien d'étonnant à ce que nous trouvions des
professions dans lesquelles la force de l'ouvrier soit
aidée par de simples outils. Il en est ainsi pour
le jardinier, pour le terrassier, pour le casseur de
pierres, pour le rameur, etc. Là encore les progrès de la mécanique épargnent notre peine et
notre fatigue. Le jardinage ne s'applique plus
qu'aux jardins, c'est-à-dire à des surfaces de
terre relativement très-petites, et qui sont par cela
même susceptibles de recevoir une culture soi-
gnée ; pour les grandes exploitations agricoles,
on a la charrue, le semoir, la houe à cheval,
la moissonneuse. Le terrassier attaque un déblai
à la pioche ou au pic ; mais, si la roche est trop

résistante, on la fait sauter à la poudre ; quelquefois
même, comme au tunnel du mont Cenis, on fait exécuter par une chute d'eau le forage des trous des mines. Les canots, les baleinières, marchent à la rame ;
mais la voile, et mieux la vapeur, ont fait tomber
l'usage barbare des chiourmes qui, sous la surveillance d'un contre-maître armé du nerf de bœuf,
faisaient avancer à coups d'avirons les pesantes galè-
res de la Méditerranée.

L'homme ne tire pas d'un fonds qui lui soit propre
la force dont il dispose. Elle vient tout entière de
son alimentation ; tous les moteurs animés en sont là.
Des aliments qu'ils absorbent chaque jour, et que
l'action de l'estomac fait parvenir à l'état assimilable,
une partie sert à l'entretien de la vie et des organes,
une autre correspond au travail produit extérieurement par l'animal. A ce point de vue, un moteur
animé est comparable à une machine à vapeur ; les
aliments, pour l'un, tiennent lieu du combustible
pour l'autre ; une certaine quantité de chaleur est
produite dans les poumons, comme sur la grille des
foyers ; c'est une véritable combustion que l'oxygène
de l'air y opère. Une portion de cette chaleur se change
en travail dans les efforts musculaires développés par
l'animal. Aussi, à part quelques exceptions qui, étu-
diées de près, confirment pleinement la règle, il y a
parallélisme complet entre la capacité de travail des
ouvriers et leur régime alimentaire [1], et c'est surtout

---

[1] C'est ainsi qu'en France la cherté accidentelle du vin, dans certaines années, entraîne une élévation dans les prix de revient des
terrassements.

dans ce sens mécanique qu'on peut admettre l'aphorisme de Brillat-Savarin : *Dis-moi ce que tu manges, je te dirai qui tu es.* Une population mal nourrie est incapable de développer longtemps de suite des efforts énergiques ; si elle dépasse la limite de sa capacité à cet égard, elle appauvrit son capital de vitalité, et le dépérissement ne tarde pas à s'ensuivre.

L'alimentation est très-variable avec l'âge, le sexe, la race, les habitudes, et surtout avec le climat. Les peuples méridionaux se nourrissent moins bien que ceux du Nord ; ils sont en même temps beaucoup moins laborieux. Les saisons ont aussi une grande influence. Instinctivement, le jeu des poumons s'accélère l'hiver, et se ralentit l'été, de manière à maintenir le corps à une température constante. Par la même raison, l'appétit est généralement plus vif l'hiver que l'été, et plus il fait froid, plus le corps réclame une nourriture tonique et réconfortante. L'Esquimau du Groënland dévore la chair huileuse des phoques et des morses, pendant que le lazzarone de Naples vit de fruits et de macaroni.

Les autres moteurs animés sont principalement les *animaux de trait*, dont le cheval est le type le plus universellement employé. Tous les animaux qui servent de moteurs, l'homme y compris, appartiennent à la grande classe des vertébrés ; leur charpente osseuse est disposée de telle sorte qu'une notable portion de leurs efforts musculaires se reporte sur la colonne vertébrale. Aussi l'échine est la direction suivant laquelle l'animal est capable de développer les efforts les plus énergiques. Le cheval, l'âne, le bœuf, dont l'échine est horizontale, sont, d'après cette règle, plutôt destinés à tirer les fardeaux qu'à les porter ; ce sont des bêtes de trait plutôt que des bêtes de somme. Il en est autrement pour l'homme, qui, debout ou en marche, a l'échine verticale. L'homme n'est donc pas fait pour tirer horizontalement; s'il veut exercer un effort dans cette direction, il doit se pencher en avant, de manière à rapprocher sa colonne vertébrale de la direction dans laquelle il veut agir. L'expérience confirme cette théorie, en montrant que la meilleure manière d'employer la force de l'homme est de lui faire élever verticalement son propre poids.

Si le cheval et les autres animaux de trait sont mieux disposés pour la traction horizontale que pour tout autre genre d'effort, il ne s'ensuit pas qu'ils puissent toujours être employés à développer des forces horizontales. Il est même probable qu'on a commencé par s'en servir comme bêtes de somme, car, sauf des cas tout particuliers, l'emploi d'une bête de trait suppose une civilisation déjà avancée : il exige un véhicule à traîner et une route à lui faire parcourir. Un cheval attelé ne peut guère s'écarter des chemins battus, tandis qu'un cheval monté passe à peu près partout. Enfin, certains animaux sont plus spécialement employés comme bêtes de somme : tels sont, par exemple, sauf de rares exceptions, le chameau et l'éléphant.

On a fait de nombreuses observations sur les moteurs animés, et on a reconnu que l'effort moyen exercé par l'animal, la durée journalière de cet effort et la vitesse qu'il communique à la charge qu'il tire,

dépendent·les uns des autres, et que le produit de
ces trois éléments est susceptible d'un maximum
qu'on ne saurait dépasser sans ruiner la santé du
moteur. Un cheval de roulier, par exemple, travail-
lera 10 heures par jour, en exerçant un effort de 70
kilogrammes sur un camion qu'il traine à raison de
5 kilomètres par heure. Si l'on porte la vitesse à
8 kilomètres, le même cheval ne sera plus capable de
développer qu'un effort de 45 kilogrammes environ,
et cela pendant 4 heures et demie au plus. Dans le
premier cas, le produit $10 \times 70 \times 5$ est égal à 2100 ;
dans le second, le produit $4\ 1/2 \times 45 \times 8$ est égal
à 1620. Le plus grand travail est, en résumé, celui que
produit le cheval marchant au pas et traînant une
lourde charge. Qu'est-ce, à côté de ce travail utile
et modeste, que le travail journalier du plus bril-
lant cheval de course, qui parcourt sa lieue en cinq
minutes, mais qui, sauf ces cinq minutes, se repose
pendant les vingt-quatre heures ?

, Le travail de la charrue est fait aujourd'hui par
des chevaux ou par des bœufs. L'emploi du bœuf
comme moteur tend à diminuer devant les progrès de l'industrie agricole. Un grand principe
d'économie industrielle, *le principe de la division du
travail*, le condamne. Le bœuf est avant tout un animal de boucherie, tandis que le cheval est un animal
de trait. La destination de chacun de ces animaux
étant ainsi fixée, c'est seulement dans des circonstances exceptionnelles qu'il convient de manger le cheval
et de faire travailler le bœuf. Le travail d'un animal
développe en lui la carcasse osseuse et les tendons,

dessèche et durcit la fibre, et agit au rebours de ce qu'on doit faire pour obtenir une viande savoureuse. Enfin on n'abat pas un animal qui fournit un bon travail, dans les limites d'âge où il aurait quelques chances de donner de bons produits alimentaires. Voilà pourquoi le cheval, l'âne, le mulet, ne pénètrent pas franchement dans le régime habituel des populations ; pour parvenir à un tel résultat, il faudrait élever des sujets spécialement destinés à la boucherie, et les abattre jeunes, dès qu'ils auraient atteint leur complet développement. La même raison fait épargner le travail aux bœufs dans tous les pays où l'on a quelque souci du progrès agricole[1]. Là où la routine est encore en honneur, là où chacun fait ce que faisait son père, et espère bien être imité par ses fils, on voit encore des bœufs sous le joug, généralement attelés par la tête, bien que l'expérience, d'accord en cela avec la théorie, ait montré depuis longtemps qu'il est préférable de les atteler par les épaules[2] ; ils font le labourage, ils traînent des chariots *d'un pas tranquille et lent;* on leur fait tourner des manéges ; le fellah égyptien s'en sert pour faire mouvoir la *sakieh* qui puise l'eau dans le Nil et la déverse sur ses cultures. Les buffles sont soumis au même régime par les paysans de la Campagne romaine.

Revenons aux véritables animaux de trait. Nous avons dit que l'emploi de ces animaux suppose un

---

[1] Les transports des distilleries de betteraves se font avec des bœufs de préférence aux chevaux, parce que les bœufs consomment les pulpes formant le résidu de la fabrication.

[2] Les Suisses ont, depuis longtemps, adopté ce mode d'attelage.

véhicule et une route. Les perfectionnements successifs de la traction ont porté principalement sur ces deux importants accessoires. Pour les véhicules, on a commencé par se servir de traîneaux ; plus tard, on a reconnu l'avantage de monter le traîneau sur roues et on a obtenu la voiture. La première route carossable a été vraisemblablement faite en abattant les arbres et les broussailles à droite et à gauche d'un sentier de piétons. Puis on a cherché à rendre la surface de roulement la plus rigide possible, pour diminuer l'effort du moteur et donner à son pied un appui plus résistant. On a créé ainsi les chaussées pavées, en commençant par les gros blocs et les nombreuses *têtes de chat* qu'on remarque encore aujourd'hui sur les restes des voies romaines ; plus récemment, on a adopté des méthodes d'empierrement qui, moyennant un entretien continu, donnent une viabilité bien plus satisfaisante. Pour réduire encore la résistance à la traction, on a durci la surface de roulement en la limitant à la plus faible largeur possible, et l'on est parvenu aux *chemins de fer*. Enfin; on peut diminuer pour ainsi dire indéfiniment cette résistance, en plaçant la charge sur un bateau à la surface d'une eau tranquille ; mais il faut, pour cela, ralentir de plus en plus la marche. C'est ce qu'on observe sur un canal.

Parmi les moteurs animés, le chien forme à lui seul un groupe à part. On ne l'emploie guère à cet usage. Les cloutiers confient volontiers à un chien le soin de faire tourner la roue qui met en mouvement le soufflet de leur forge. Les contrebandiers dressent

des chiens à franchir les lignes de douane avec des
charges de dentelles ou d'horlogerie. Dans certaines villes, à Berlin notamment, des chiens attelés
sous le brancard d'une voiture à bras aident leur
maître à tirer le véhicule. Dans l'extrême Nord, les
chiens remplacent les chevaux pour la traction des
voitures : ils font le service de la poste dans les neiges
de la Sibérie. Toutes ces combinaisons nous semblent
regrettables. Si le déploiement de force brutale est
indigne de l'homme, il n'est pas moins indigne du
chien, son plus fidèle ami. Le chien, comparé aux
autres animaux, a une intelligence hors ligne ; c'est
à lui, en grande partie, que sont dus les premiers
progrès de la civilisation humaine [1]. Il chasse, il garde
les troupeaux, il a une notion très-exacte des droits
de son maître, il est toujours prêt à les défendre.
Perspicacité, mémoire, dévouement, le chien a une
foule de qualités morales. Chose estimable en ce
siècle de révolutions, il montre en toute circonstance
des opinions éminemment conservatrices. L'homme,
qui chaque jour reçoit du chien tant de leçons de
gratitude, manque à ses devoirs envers lui dans deux
cas principaux : quand il en fait un chien savant,
monstruosité contraire au vœu de la nature, et quand
il s'en sert comme d'une bête de trait. Les protestations du chien contre ce dernier emploi ne sont pas
rares. Il arrive souvent, en Sibérie, que les dix ou
douze chiens de la poste, apercevant quelque gibier
à l'horizon, se mettent à chasser, et quittent leur

[1] Toussenel, *Esprit des bêtes.*

chemin sans se soucier davantage du courrier et de
ses dépêches; ils emportent le tout à leur remorque
par monts et par vaux, jusqu'à la rupture des traits
ou du traîneau.

PESANTEUR

De toutes les forces naturelles, la pesanteur est
celle qui nous est le plus familière. Elle agit sur tous
les corps, et les fait tomber à la surface de la terre
dès qu'ils ne sont pas soutenus par quelque obstacle
résistant. Il est vrai que certains corps, dits *corps
légers*, se tiennent suspendus dans l'air, sans mani-
fester cette tendance à tomber qu'on remarque dans
tous les autres. L'exception n'est qu'apparente; elle
tient à ce que l'air exerce une pression de bas en
haut sur tous les corps qui y sont plongés; cette pression, qui agit en sens contraire du poids des corps,
reste prédominante pour les corps légers, tandis
qu'elle est négligeable et passe inaperçue pour les
corps d'une plus grande densité.

Le premier type des machines mises en mouvement
par la pesanteur est l'*horloge à poids* (fig. 3). Il s'agit
de faire parcourir d'un pas égal aux aiguilles d'un
cadran la circonférence où sont inscrites les heures
et les minutes. La machine doit de plus sonner les
heures et les demies. On emploie, à cet effet, deux
poids comme moteurs : l'un fait mouvoir les aiguilles
par une série d'engrenages; le second est destiné à
faire jouer les marteaux de la sonnerie. Les deux
poids sont amenés au haut de leur course lorsqu'on

remonte l'horloge. Le premier descend sans cesse en faisant tourner l'équipage de roues dentées qui commande les aiguilles. Le second n'entre en mouvement qu'aux instants où la sonnerie doit se faire entendre. Pour cela, le mouvement des aiguilles, parvenues en certains points particuliers du cadran, soulève un arrêt et déclanche le second poids, qui commence à descendre. Cette chute détermine le jeu du mécanisme de la sonnerie; puis l'arrêt retombe dans une enclave, et la sonnerie rentre dans le silence. Voilà, en gros, les mouvements des aiguilles et du marteau assurés. Mais il ne suffit pas que

Fig. 3. — Horloge à poids.

les diverses pièces de l'horloge soient animées de mouvements; il faut encore que ces mouvements soient réguliers, que les aiguilles aient sur le cadran un mouvement sensiblement uniforme, et que le marteau frappe sur le timbre des coups également espacés. De là la nécessité d'appareils régulateurs. Pour les ai-

guilles, on se sert d'un *pendule*, lentille pesante suspendue à un axe horizontal. Dérangé de la verticale,
le pendule a la propriété d'osciller très-longtemps
autour de sa position d'équilibre; les durées de chaque oscillation ne varient pas avec leur grandeur.
Galilée découvrit le premier cette propriété mécanique du pendule; il y parvint après avoir attenti-
vement observé les oscillations des lampes suspen-
dues à la voûte d'une église. Huygens, en perfection-
nant la théorie de Galilée, fit faire un pas immense à
la mécanique. Le pendule est resté depuis lors le vrai
régulateur des horloges. La tige de la lentille oscillante porte une *ancre*, dont les pattes, taillées en bi-
seau, viennent périodiquement s'engager dans les
dents d'une roue spéciale du mécanisme, dite *roue
d'échappement* (fig. 4). A cet instant, le mouvement
du poids moteur est subitement arrêté; le poids ne
reprend sa vitesse que quand l'oscillation contraire
du pendule a dégagé l'ancre de la dent où elle était
venue s'introduire. Puis, cette oscillation s'achevant,
une seconde rencontre a lieu à la patte opposée, et le
mouvement du poids est de nouveau interrompu. Le
pendule a ainsi pour effet de couper la chute du poids
par des repos très-courts, également espacés, de telle
sorte que le moteur ne puisse jamais agir que pendant une durée très-limitée, après laquelle il repart
du repos pour accomplir un nouveau trajet. Les conditions de l'action du poids restent par là identiques
pendant toute la durée de sa course descendante, et
les aiguilles en reçoivent, sinon un mouvement exactement uniforme, du moins un mouvement pério_

dique, dont la période, égale à la durée de l'oscilla-

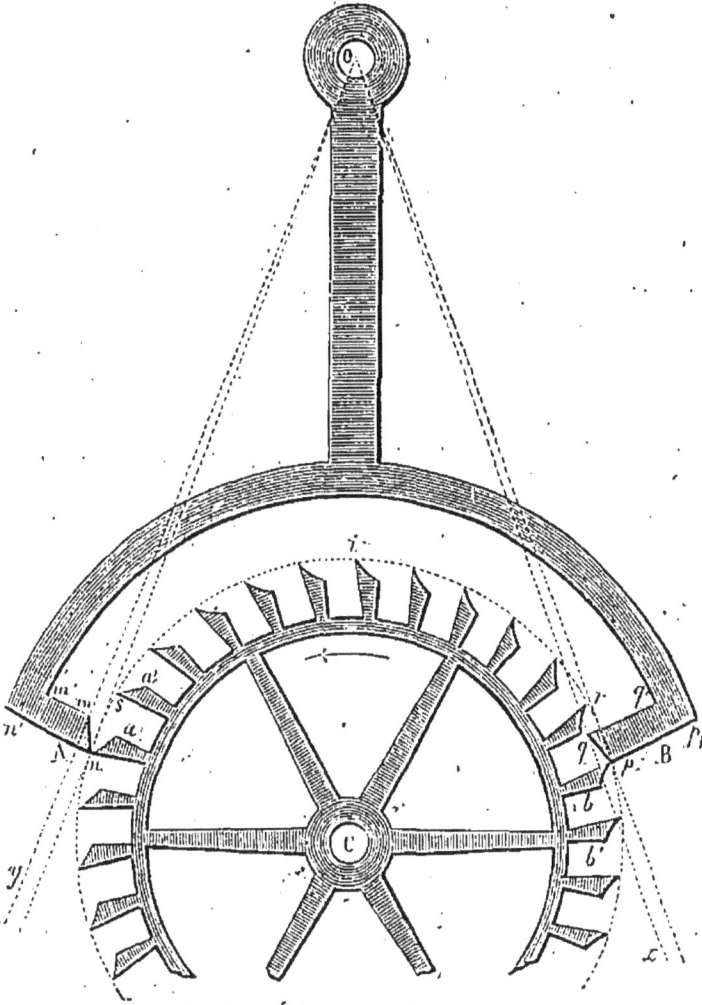

Fig. 4. — Échappement à ancre.

C, roue d'échappement de 50 dents. — AOB, pièce à ancre, liée au pendule
régulateur. — a, dent qui est sur le point d'*échapper*. — b, dent qui agit
sur le plan incliné *pq* de manière à déplacer le pendule vers la droite.
— *mm'*, arc sur lequel la dent *a'* va faire son *repos*, pendant que la dent
b échappe. — *pp'*, arc sur lequel la dent *b'* va faire son repos, pendant
que la dent *a'* échappe. — *mn*, plan incliné sur lequel agit la pointe *s* de
la dent *a'* pour déplacer l'ancre vers la gauche.

tion simple du pendule, est extrèmement petite;
cette succession de mouvements égaux équivaut,

au point de vue pratique, à une uniformité absolue.

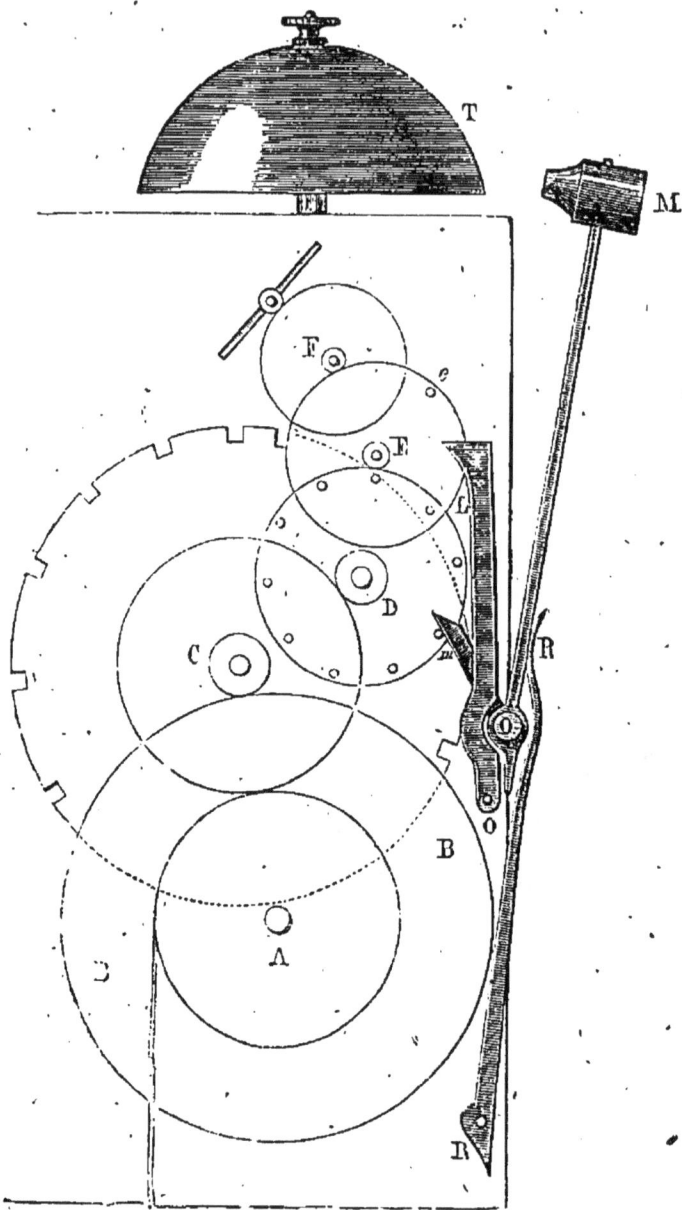

Fig. 15. — Mécanisme de la sonnerie. — A, cylindre sur lequel agit le poids moteur. — B, roue dentée. — C, *roue de compte.* — D, *roue à chevilles.* — E, *roue d'étoteau.* — e, étoteau ou cheville d'arrêt plantée sur la roue E. — F, roue commandant le *volant.* — T, timbre. — M, marteau. — L, levier mobile autour du point O, et arrêtant l'étoteau. — m, levier soulevant le marteau M. — RR, ressort ramenant le marteau M sur le timbre.

Abandonné à lui-même, le pendule ne tarderait pas à s'arrêter. On entretient son mouvement oscillatoire à l'aide de la roue d'échappement elle-même; elle imprime à l'ancre, chaque fois que celle-ci s'en dégage, une petite impulsion qui prolonge la course du pendule et conserve à ses oscillations l'amplitude qu'elles doivent avoir.

Le régulateur de la sonnerie est un simple *moulinet à ailettes*, qui met en jeu la résistance de l'air. Le poids moteur de la sonnerie, une fois déclanché, commence à descendre avec une vitesse graduellement croissante (fig. 5). S'il agissait immédiatement sur la sonnerie, les coups de marteau seraient de plus en plus précipités. Pour éviter cet effet, on ajoute à l'appareil un régulateur à ailettes ou *volant*, auquel le poids moteur imprime une rotation rapide; la résistance de l'air, qui va croissant avec la vitesse, ramène bientôt le mouvement à l'uniformité, et c'est seulement alors que le marteau se soulève pour retomber sur le timbre; les coups qui suivent, produits par un mouvement uniforme, se répètent à intervalles égaux; puis le déclanchement cesse, et la sonnerie se tait.

Que l'on complique tant qu'on voudra les détails du mécanisme de l'horloge, on pourra toujours les mettre en mouvement à l'aide de deux poids, dont l'un, agissant constamment, détermine la rotation des aiguilles, et dont l'autre, à action discontinue, fait jouer en temps opportun la sonnerie et tous ses accessoires. Les horlogers suisses et ceux de la forêt Noire ajoutent d'habitude à leurs horloges un coucou qui chante à toutes les heures. D'autres font apparaître un peloton de soldats qui viennent sonner une fanfare. Enfin certaines horloges, objet de l'admiration des temps passés, font intervenir une foule de personnages : le Temps ou la Mort sonne les heures; ils chassent devant eux l'Enfance, la Jeunesse, l'Age mûr, la Vieillesse; à midi, un coq chante, les Apôtres défilent devant le Christ qui les bénit, etc., etc...

Un poids est le moteur de ces mécanismes divers. Que faut-il pour que le poids communique le mouvement à tant d'organes? Il faut qu'il se meuve, c'est-à-dire qu'il descende. Tant que le poids descend, la machine marche. Elle s'arrête dès qu'il est parvenu à sa position la plus basse. Pour la remettre en mouvement, il suffit de relever le poids moteur à son point le plus haut : c'est ce qu'on appelle *remonter* l'horloge. Le poids amené au haut de sa course possède, pour ainsi dire, une puissance motrice limitée, dont la mesure s'obtient en multipliant le nombre de kilogrammes qu'il contient par le nombre de mètres de la chute. Cette puissance diminue graduellement à mesure que le poids s'abaisse, c'est-à-dire à mesure qu'une partie de la puissance motrice est utilisée par le mouvement de la machine; enfin, la puissance motrice est entièrement détruite quand le poids est complètement descendu. On peut comparer le mouvement de l'horloge à un service qui se payerait par la descente du poids moteur. Une fois ce poids descendu le plus bas possible, la bourse est vide, le payement s'arrête, et le service s'interrompt jusqu'à ce que la bourse soit de nouveau remplie en totalité ou en partie, c'est-à-dire jusqu'à ce que le poids soit retourné à une position d'où il puisse redescendre. Le mouvement ainsi envisagé n'est qu'une série d'échanges entre la chute du poids moteur et le mouvement des aiguilles.

Certains inventeurs cherchent, et plusieurs ont cru trouver, des mécanismes tels que le mouvement de l'horloge produit par la descente du poids moteur relève ce poids à mesure qu'il descend, et le remette constamment en position d'entretenir la marche. Il n'est pas nécessaire d'étudier les détails de ces mécanismes pour affirmer qu'un tel résultat est impossible. Un poids qui reste en place n'est pas un poids moteur; pour qu'il imprime un mouvement à l'horloge, il faut qu'il descende effectivement; or il ne descendrait pas si l'horloge le remontait à mesure qu'il s'abaisse. La puissance motrice se dépense et s'épuise; arrive un moment où il faut la renouveler en relevant le poids : c'est l'affaire d'un moteur nécessairement étranger à la machine. Pour une horloge, ce moteur est ordinairement l'horloger, qui vient une ou deux fois par mois la remonter et la remettre à l'heure. Des dispositions particulières sont prises pour que les mouvements des aiguilles ne soient pas troublés pendant l'opération du remontage.

Le poids d'un moteur animé peut servir de force motrice à certaines machines ; c'est principalement l'homme qu'on peut utiliser de cette façon.

Supposons qu'il s'agisse d'élever verticalement à une certaine hauteur, à 10 mètres par exemple,

Fig. 6. — Transport vertical de terres.

une certaine quantité de terres ou de matériaux, et qu'on n'ait pas d'autres moteurs à employer que des hommes. On pourra s'en servir de deux manières.

La première méthode consiste à diviser le poids total qu'il s'agit d'élever en parties assez petites pour qu'un homme puisse se charger d'une de ces parties; puis, à faire monter directement l'homme avec sa charge par une échelle, par un escalier ou par une rampe inclinée.

La seconde méthode utilise le poids propre de l'homme pour élever un poids sensiblement égal au sien. Installons au niveau supérieur une poulie sur laquelle nous ferons passer une corde portant un plateau à chacune de ses extrémités (fig. 6). L'un des plateaux étant amené à la station supérieure, l'autre sera à la station inférieure et recevra son chargement. Un ouvrier montera la rampe ou l'échelle à vide et s'installera sur le plateau d'en haut; son poids enlèvera le plateau inférieur, et le fera monter avec sa charge à mesure qu'il descendra lui-même. On déchargera le plateau dès qu'il sera arrivé en haut, puis l'ouvrier remontera au niveau supérieur, et, se plaçant de nouveau sur le plateau vide, il élèvera par sa chute un nouveau plateau chargé.

Si l'on compare ces deux méthodes, on verra que la seconde est bien plus avantageuse que la première. Dans celle-ci, l'homme élève non-seulement son poids, mais encore une charge additionnelle qui contribue à le fatiguer, et qui est nécessairement assez petite; puis il descend, non pas librement, comme un corps qui tombe, mais en se retenant contre le sol de la rampe ou les barreaux de l'échelle, sans quoi la pesanteur lui communiquerait une vitesse croissante et bientôt dangereuse. Ces efforts sont entièrement perdus pour le travail qu'il s'agit d'accomplir. Par la seconde méthode, l'homme monte à vide, c'est-à-dire élève seulement son corps, celui de tous les fardeaux qu'il a le plus de facilité à mettre en mouvement ; il se laisse ensuite descendre sans exercer aucun effort, et en enlevant un poids à peu près égal au sien. Cette seconde méthode utilise la pesanteur comme force motrice, et de même que tout à l'heure l'horloger intervenait pour remonter l'horloge, le moteur animé intervient périodiquement pour *remonter* son propre poids, qui est le vrai moteur, dès que ce poids, descendu à son point le plus bas, n'est plus en position de produire un travail utile.

C'est aux terrassements de Vincennes que cet artifice a été appliqué pour la première fois.

Une roue permet de rendre continue l'action du poids d'un moteur animé qui, dans le système précédent, était intermittente. On obtient alors la *roue à chevilles des carriers*, qui leur sert à élever du fond d'une carrière au niveau du sol d'énormes morceaux de pierre (fig. 7).

L'ouvrier se place en dedans de la roue. On comprend que, plus il se rapproche du centre de l'appareil, moins son poids a d'influence pour faire tourner la roue. Si, au contraire, il s'éloigne de l'axe, en montant un à un les échelons de la roue, il atteindra

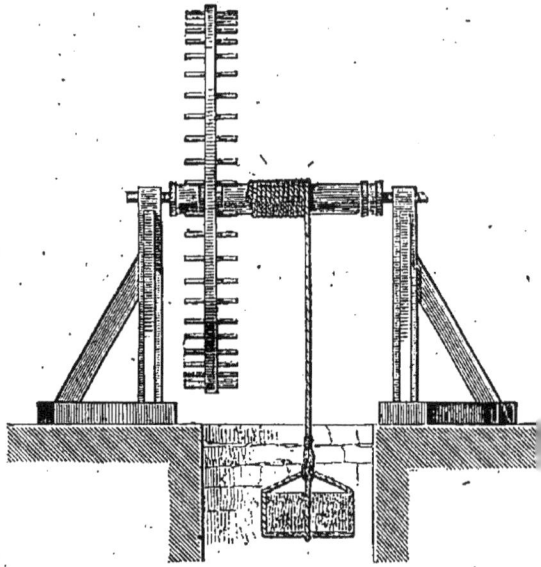

Fig. 7. — Roue à chevilles des carriers.

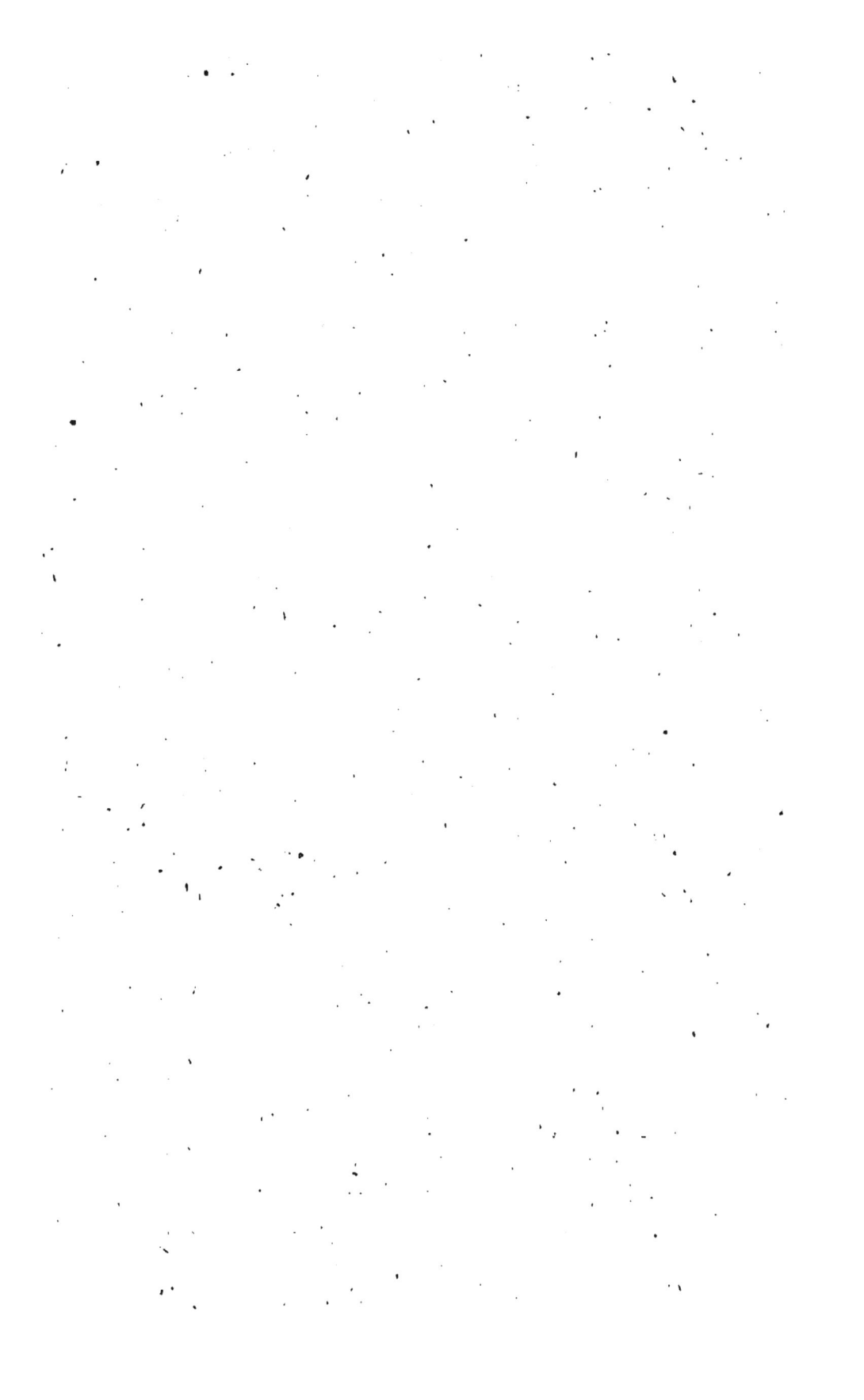

bientôt une position où il fera équilibre au poids de la pierre ; il enlèvera la pierre s'il dépasse cette position. Pour faire monter le fardeau d'un mouvement continu, il lui suffira donc de marcher à l'intérieur de la roue, comme s'il voulait s'éloigner de son point le plus bas, et de regagner à chaque instant le niveau que la rotation de la roue vient de lui faire perdre. Ici c'est bien le poids de l'ouvrier qui est le moteur ; il descend d'un pas par la rotation de la roue ; puis il fait un pas en avant, et prolonge ainsi le mouvement. Le remontage du poids moteur se fait donc à intervalles très-petits, par le travail continuel du moteur lui-même. Cette machine est très-ingénieuse ; elle est employée dans presque toutes les carrières des environs de Paris. Le seul reproche qu'on puisse lui faire, c'est d'exposer à des étourdissements les ouvriers qui passent un temps trop long à marcher sur ce plancher mobile.

Un autre exemple de l'emploi de la pesanteur comme force motrice est fourni par les *plans automoteurs* des mines (fig. 8). En général, un plan automoteur comprend un chemin de fer à deux voies, l'une pour la descente, l'autre pour la remonte, présentant une pente forte entre l'origine des galeries de mines et une rivière ou toute autre grande voie de transport. Chaque train montant est rattaché à un train descendant par un câble sans fin qui passe sur une poulie aux extrémités de la voie. Si, ce qui arrive le plus ordinairement dans une exploitation de mines, le poids des trains descendants est plus grand que celui des trains montants, les premiers pourront servir de motèur pour la traction des autres, au lieu que l'indé-

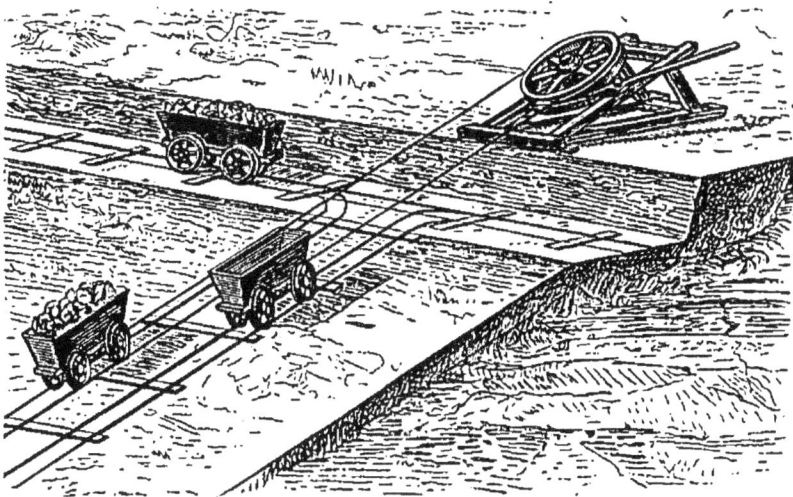

Fig. 8. — Va-et-vient ou plan automoteur

pendance entre les trains montants et les trains des-

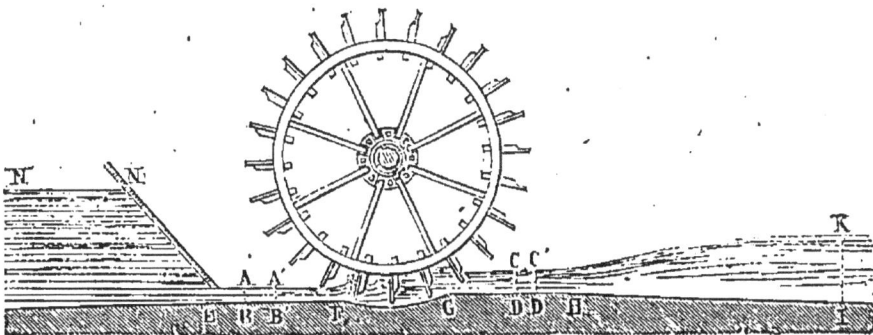

Fig. 9. — Roue en dessous à palettes planes.

AB, section du courant en amont. — FG, forme du coursier. — CD, section
du courant en aval. — HE, pente du fond du lit. — CC′K, contre-pente
ou ressaut de la surface de l'eau. — NN, niveau dans le bassin de retenue.

cendants exigerait des efforts pour faire monter les
premiers, et des efforts pour retenir les autres sur la

pente où leur mouvement de descente tendrait à s'accélérer.

C'est encore la pesanteur qui est le véritable moteur des machines hydrauliques, telles que les roues et les turbines, qu'on installe auprès d'une chute d'eau ou dans le courant d'une rivière.

On veut utiliser une chute d'eau pour mettre en mouvement les outils d'une usine. On peut employer à cet usage des appareils de diverse nature.

Les *roues hydrauliques* sont des cylindres montés sur un arbre horizontal, et dont la surface extérieure est garnie de palettes ou d'augets. Il en existe un grand

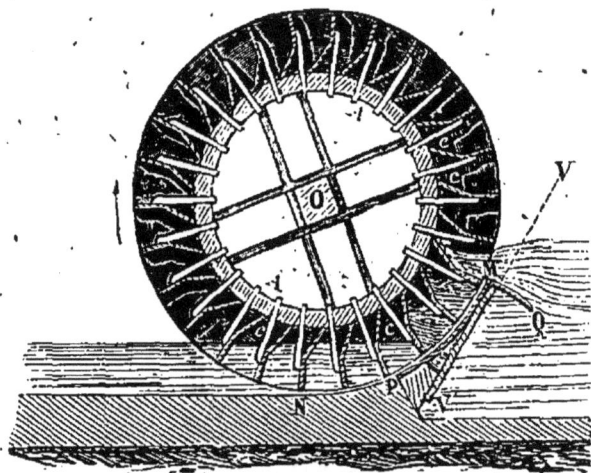

Fig. 10. — Roue de côté.

O, arbre tournant. — AA, roue. — c, c, forme des aubes. — NPM, tracé du coursier où la roue est emboîtée — VV, vanne. — MQ, amorce destinée à diriger l'eau.

nombre de types qu'on peut classer en *roues en dessous* (fig. 9), *roues de côté* (fig. 10), *roues en dessus* (fig. 11). Dans le premier type, le courant d'eau qui sort du fond du bassin de retenue, agit sur des palet-

tes implantées sur tout le pourtour de la roue hydraulique, et imprime à la roue un mouvement de rotation
autour de son axe. Ces palettes peuvent être droites;
mais il est préférable de les courber en sens contraire
du mouvement de l'eau, et on obtient ainsi le
type perfectionné, connu, sous le nom de *roue à
aubes courbes de Poncelet* (fig. 12). D'autres fois,

Fig. 11. — Roue en dessus à augets.

on incline les palettes dans le sens du mouvement,
et on obtient le type de *roue lente* dû à M. Sage=
bien.

Dans la seconde classe, celle des roues de côté,
l'eau, prise vers la moitié de la chute, arrive sur la
roue avec une vitesse moyenne; elle est reçue dans
des augets, où elle agit, en partie par sa vitesse, en

partie par son poids. Dans la troisième classe, celle des roues en dessus, l'eau motrice, prise en haut de la chute et animée d'une faible vitesse, pénètre dans les augets, à partir du haut de la roue, et agit sur eux par son poids jusqu'au moment où elle est déversée à l'extérieur. Un caractère commun à tous ces types, c'est qu'il est convenable de les faire marcher à vi-

Fig. 12. — Roue Poncelet.

tesse modérée : les allures vives entraînent une perte de travail moteur.

Les *turbines* ont de tout autres propriétés. Il en existe deux types principaux : la turbine de M. Fourneyron et la turbine d'Euler.

Dans la turbine de M. Fourneyron (fig. 13), l'eau de la chute entre par le centre d'une couronne mobile, montée sur un axe vertical, et s'en échappe latéralement après l'avoir traversée; dans ce passage, elle agit

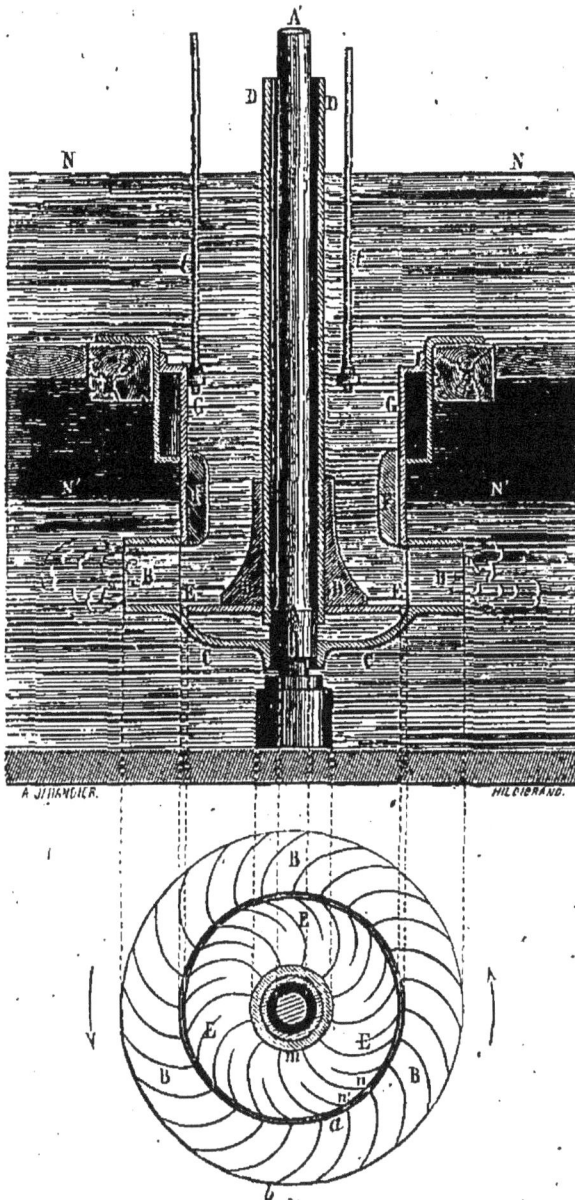

Fig. 15. — Turbine Fourneyron. — A, arbre. — D, tuyau porte-fond. — B, couronne mobile, portant des aubes *ab*. — C, couvercle. — E, fond fixe, découpé par des aubes *mn*. — G, cylindre d'amenée. — F, vannes pour régler la dépense d'eau. — *t*, tiges pour faire varier la hauteur des vannes — N et N', niveaux d'amont et d'aval.

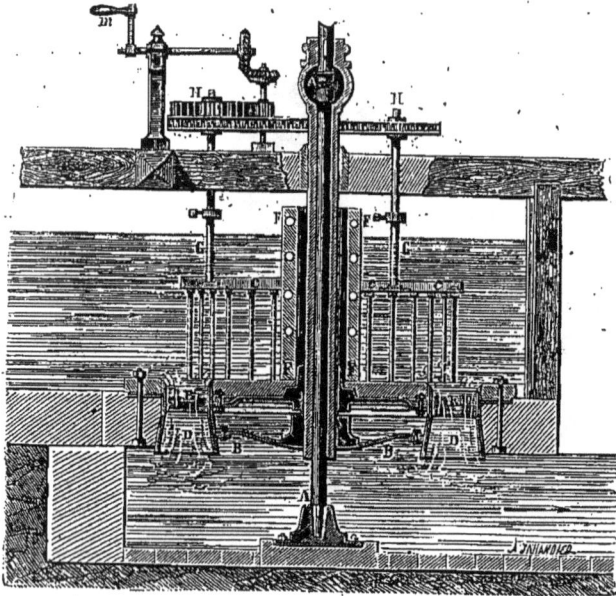

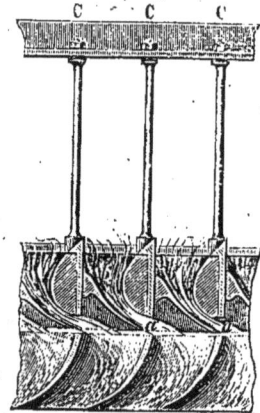

Fig. 14. — Turbine d'Euler.

AA, arbre vertical. —.BB, couvercle mobile. — DD, partie mobile, découpée par des aubes. — EE, partie fixe, découpée par des aubes directrices *ba*. — CC, couronne pour régler la hauteur des vannes appliquées sur les aubes directrices. — FF, tuyau central. — GHm, mécanisme pour faire varier la hauteur des vannes et régler le débit de la turbine.

sur des aubes courbes qui découpent la couronne, et elle en détermine la rotation. Le mouvement de l'arbre vertical, convenablement transformé, est utilisé dans l'usine.

La turbine d'Euler (fig. 14) diffère de la turbine Fourneyron en ce que les filets liquides qui traversent la couronne mobile, au lieu de s'échapper horizontalement, comme dans celle-ci, descendent verticalement et agissent sur les aubes par leur poids. Ces deux modèles se prêtent aux grandes vitesses et conviennent à toute hauteur de chute et à tout volume d'eau débité. Les roues hydrauliques sont loin d'offrir à l'industrie les mêmes ressources.

On peut encore utiliser directement une chute d'eau pour mettre en mouvement les pistons d'une machine hydraulique : c'est ce qu'on appelle alors une *machine à colonne d'eau*. Il y en a plusieurs modèles. L'un des plus célèbres est la machine à simple effet d'Huelgoat (Finistère), qui servait il y a quelques années à l'épuisement des galeries d'une mine de plomb argentifère (fig. 15). L'eau soulève un piston dont la tige communique le mouvement à des pompes, puis la communication avec la chute cesse par le jeu même des diverses parties de l'appareil, et le piston retombe, pour recommencer une nouvelle oscillation, dès que la communication avec la chute se rétablit.

Dans tous ces exemples, l'eau agit sur les organes mobiles du récepteur par sa pression, par sa vitesse, c'est-à-dire, directement ou indirectement, par son poids ; la pesanteur est le vrai moteur de tous les ap-

pareils hydrauliques. Elle produit un travail moteur
sur l'eau d'une chute, comme sur le poids d'une
horloge ; l'industrie recueille au passage une partie

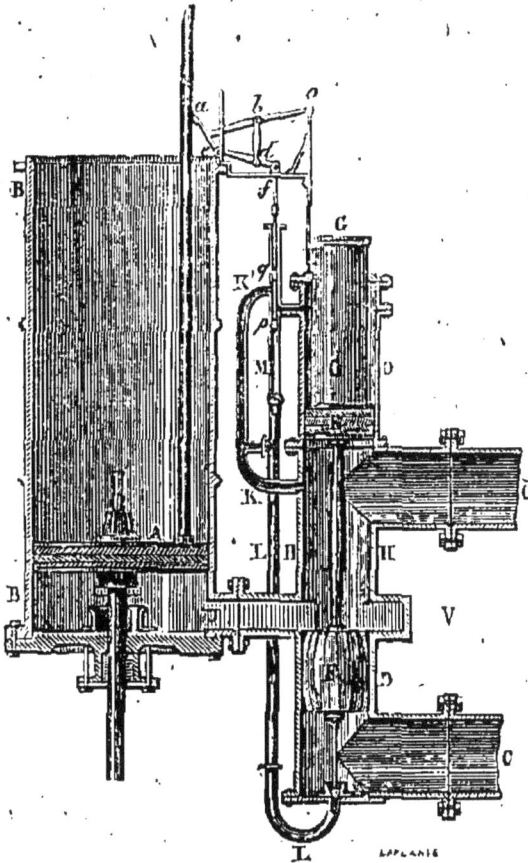

Fig. 15. — Machine d'Huelgoat.

A, piston commandant les pompes. — B, cylindre. — CC, tube d'amenée et
de fuite de l'eau motrice. — FG, système distributeur mobile dans le conduit DD. — pq, double piston manœuvré par un système de leviers abcde,
en communication avec le piston moteur. Ce double piston, en ouvrant
alternativement le tuyau KK' et le tuyau ML, fait osciller le système
distributeur FG, et produit le déplacement alternatif du piston principal.

de ce travail qu'elle transforme pour son usage. Là
où la comparaison avec l'horloge semble en défaut,

c'est que les appareils hydrauliques n'exigent pas
l'intervention périodique d'un horloger pour remonter le poids à son point le plus haut. Mais cette différence n'est qu'apparente. Car, en réalité, il existe un
horloger infatigable qui remonte sans cesse à leur
point le plus haut les eaux de tous les courants du
globe. Cet horloger, c'est le soleil. Les eaux qui tombent dans les cascades, ou qui s'écoulent dans les
ruisseaux, vont se réunir aux points les plus bas de
la surface terrestre, dans les bassins des mers ou des
lacs; la chaleur solaire en convertit chaque année
une portion en nuages ou en vapeurs; les vents
chassent les nuages dans toutes les parties du monde;
les montagnes en arrêtent la majeure partie, puis
les abaissements de température les résolvent en
neige ou en pluie; ils alimentent les glaciers et les
sources, et l'eau se trouve ramenée à son point de
départ. La chaleur solaire entretient ainsi la puissance motrice des chutes d'eau; nous reconnaîtrons
bientôt qu'elle est la véritable source où s'alimentent
tous les travaux accomplis à la surface du globe
terrestre.

Nous montrerons encore le parti qu'on peut tirer
de la pesanteur pour mettre en mouvement les machines, en disant quelques mots du *système hydraulique* imaginé par M. Armstrong. Avec un bassin suffisamment élevé, rempli d'eau, et muni de tuyaux et
de robinets, on peut soulever sans effort des fardeaux, décharger des navires ou des wagons, et effectuer une foule de travaux pénibles. Il suffit pour
cela de tourner successivement des robinets. La pres-

sion de l'eau met en mouvement ici une grue, là un cabestan, plus loin une plaque tournante. A chaque fois une certaine quantité d'eau s'écoule du réservoir, et, si l'on ne veut pas qu'il s'appauvrisse, on devra la lui restituer sans délai. Il faut pour cela une machine qui alimente le réservoir et le maintienne plein; on emploie généralement une machine à vapeur pour cet usage. A première vue, il semble qu'on ne gagne rien à la combinaison ainsi définie, puisqu'on pourrait employer directement la machine à vapeur à opérer le travail qu'on demande à l'eau du réservoir. Mais on reconnaît bien vite qu'il peut y avoir un grand avantage à l'interposition des appareils hydrauliques. Le système Armstrong s'applique presque exclusivement aux docks et aux gares de chemins de fer, où les manœuvres sont discontinues et offrent une série de *coups de collier* énergiques, coupés par des repos fréquents et parfois très-prolongés. Une machine à vapeur, construite pour effectuer directement ces travaux, devrait être réglée sur l'effort maximum qu'elle aurait à développer, ce qui lui donnerait pour tous les autres cas un inutile excès de puissance. Au lieu d'une machine à vapeur très-puissante, appelée seulement à des intervalles plus ou moins longs à utiliser la totalité de sa force motrice, et brûlant du combustible inutilement dans ces intervalles, on peut, avec l'appareil hydraulique, n'avoir qu'une machine à vapeur de force moyenne qui fonctionnera d'une manière continue pour remplir le réservoir, et qui n'aura point de coups de collier à donner; son travail, emmagasiné dans le réservoir, pourra être utilisé à la demande de l'ouvrage à faire par le simple jeu des robinets. Au lieu d'élever le réservoir à la hauteur correspondante aux fortes pressions qu'il s'agit de développer, M. Armstrong a imaginé de faire peser sur l'eau du réservoir un contre-poids très-lourd, qu'il appelle *accumulateur*, et qui produit le même effet d'une manière plus simple et plus pratique. Dans certaines usines, la machine à vapeur, toujours prête à fonctionner, entre en mouvement dès que l'accumulateur est descendu à un certain niveau; aussitôt le réservoir se remplit; puis la machine s'arrête d'elle-même dès que le contre-poids est revenu à sa plus haute position. Le véritable moteur, dans le système hydraulique, est le poids de l'eau qui s'écoule à chaque fois qu'on met en mouvement quelque appareil.

RESSORTS

L'emploi des ressorts comme moteurs est limité à peu près exclusivement à l'horlogerie. Nous avons donné tout à l'heure la description sommaire d'une horloge à poids. C'est un appareil très-simple qui peut être réglé avec une précision presque absolue; mais c'est une machine dont la marche serait étrangement troublée si on la rendait mobile. Pour les montres que l'on porte avec soi, pour les chronomètres qui servent à bord des bâtiments à déterminer les longitudes, il faut un moteur d'une autre nature. Il est fourni par l'élasticité d'une lame d'acier qu'on enroule sur elle-même dans un barillet,

et qui, en se déroulant, communique le mouvement
aux aiguilles. Ce mouvement a d'ailleurs besoin
d'être régularisé; on y parvient en introduisant dans
la montre une sorte de *pendule élastique;* c'est encore
un ressort appelé *spiral*, qui, pendant ses oscillations,
suspend périodiquement, pendant un temps très-court,
le mouvement des aiguilles, et force le moteur à repartir à chaque fois du repos (fig. 16). Veut-on accélérer
le mouvement, avec l'horloge fixe on raccourcirait
le pendule pour abréger la durée de ses oscillations;
avec la montre, on tourne
une aiguille régulatrice qui
agit comme un frein pour
diminuer la longueur libre
du spiral et pour rendre ainsi
les oscillations plus rapides.
Autrefois le ressort moteur,
enfermé dans le barillet, ne
communiquait pas directe-
ment le mouvement aux
rouages des aiguilles; entre
le moteur et les rouages, on
plaçait une *fusée*, sorte de
tambour conique sur lequel
s'enroulait une chaîne arti-

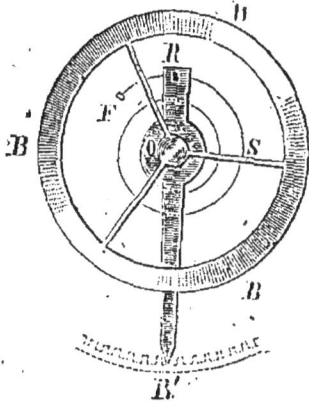

Fig. 16. — Spiral réglant.

FS, spiral attaché en F à un
point fixe, et près du point O
au volant BBB. — RR′, aiguille
régulatrice pour raccourcir ou
allonger à volonté la partie
oscillante du spiral.

culée attachée au barillet. Le mouvement imprimé
par le ressort au barillet se transmettait à cette
chaîne, dont les maillons quittaient successivement
la surface de la fusée pour venir s'enrouler autour du barillet. La fusée avait sur le mouvement de
la montre une action régulatrice; en effet, l'effort

exercé par un ressort qui se détend n'est pas constamment le même à toutes les époques de la détente ;
il commence par être très-grand, puis il décroît de plus
en plus à mesure que la lame élastique se rapproche
de sa longueur naturelle. Les diamètres successifs de
la fusée étaient réglés de telle sorte qu'il y eût une
compensation aussi exacte que possible entre la tension variable communiquée par le ressort à la chaîne,
et le *bras de levier* sur lequel cette tension agit. Les
progrès de l'horlogerie moderne ont permis de supprimer la fusée sans inconvénient pour la régularité
du mouvement; on en a profité pour réduire l'épaisseur des montres et pour les rendre plus commodes
à porter.

Le poids moteur d'une horloge possède au haut
de sa course une puissance motrice limitée, qui
s'épuise à mesure qu'il descend, et qui s'annule
lorsqu'il atteint sa position la plus basse. Il en est
de même du ressort qui met en mouvement une
montre; la puissance motrice qu'on lui communique
par le remontage n'est pas indéfinie; le ressort la
dépense à mesure qu'il se débande; elle est entièrement consommée quand il a repris sa longueur naturelle; alors la montre s'arrête, tant qu'on ne la remonte pas de nouveau. Ici non-seulement la puissance
motrice s'annule parce que le moteur cesse d'être
animé d'aucun mouvement; mais l'effort exercé par
le moteur devient lui-même nul, puisque l'élasticité
du ressort n'est plus en jeu dès qu'il est revenu à sa
forme et à ses dimensions primitives. Le poids d'une
horloge exerce un effort constant, même lorsqu'il

s'arrête, mais le *travail* moteur n'en est pas moins
nul alors, parce que le travail est le produit de deux
facteurs, dont l'un représente l'effort exercé et l'autre le chemin décrit. Il suffit que l'un de ces facteurs soit nul pour que le produit le soit; les deux
facteurs sont nuls en même temps dans le cas du
ressort débandé.

VENT

Le globe terrestre est entouré d'une atmosphère
gazeuse indispensable à la vie des animaux et des
plantes qui y sont plongés; les mouvements des diverses portions de cette masse élastique peuvent être
utilisés comme puissance motrice. L'air, dans son
ensemble, ne peut être un instant en repos. Le globe
est animé d'un mouvement de rotation sur lui-même,
en vertu duquel il présente successivement au soleil,
dans le cours d'une journée, différents points de
sa surface. De là des changements continuels de température pour un même point d'une heure à l'autre,
et des différences de chaleur très-considérables, d'un
point à l'autre, à un même instant. L'air participe à
ces différences, surtout dans le voisinage de la surface terrestre. S'il s'échauffe, il tend à monter; s'il
se refroidit, il tend à descendre. Un fluide aussi mobile, soumis à de telles variations de température,
ne saurait donc conserver un instant de repos; ce
mouvement continuel du vent, entretenu par l'action
incessante de la chaleur solaire, est essentiel à l'entretien de la vie sur notre planète; le vent contribue

à mêler ensemble les diverses couches de l'atmosphère et à en maintenir la pureté ; de plus, comme nous l'avons déjà fait remarquer, il entretient les sources, arrose les terres, et joue ici-bas le rôle utile de *porteur d'eau*[1].

On ne se sert du vent comme moteur que pour deux usages principaux : pour faire avancer sur la mer les bâtiments à voile, et pour faire tourner les ailes d'un *moulin à vent*.

On s'explique aisément l'action du vent-arrière sur la voile d'un bâtiment. Les molécules d'air, animées d'une certaine vitesse, viennent rencontrer la voile dans laquelle elles perdent une partie de leur mouvement. Cette perte est due à un effort exercé par la voile sur le vent, et correspond, par conséquent, à un effort égal exercé par le vent sur la voile ; c'est ce dernier effort qui détermine la progression du bâtiment. Mais la navigation à la voile serait presque impossible s'il fallait attendre pour chaque voyage que le vent ait pris la direction précise dans laquelle doit s'accomplir le trajet. Le gouvernail et les formes données aux bâtiments permettent de profiter pour la marche d'un vent quelconque. Les navires sont très-allongés dans un sens et très-étroits dans l'autre ; leur quille, qui s'enfonce dans l'eau à une grande profondeur, gêne le mouvement de dérive qu'ils tendent à prendre sous l'action d'une poussée latérale. Le gouvernail, surface plane articulée à l'arrière du bâtiment, de manière qu'on puisse l'orienter à volonté,

---

[1] M. Jamin, *Conférence à la Sorbonne*, 1865.

donne un moyen simple et rapide de faire tourner le
bâtiment dans un sens ou dans l'autre; il suffit pour
cela que le bâtiment possède un certain mouvement,
grâce auquel le gouvernail rencontre et choque des
filets liquides. Que le vent soit oblique ou même perpendiculaire à la route, on pourra toujours, par une
orientation convenable des voiles, recueillir dans la
toile une portion plus ou moins grande de la quantité de mouvement de l'air qui y vient affluer; la
composante de cette action, dirigée dans le sens de la
route, profite à la marche; l'autre, perpendiculaire,
produit une légère dérive, assez petite pour qu'on
puisse généralement la négliger. A chaque bâtiment
correspond une limite pour l'angle que peut faire la
direction du vent avec celle de la route, limite au-
dessus de laquelle la propulsion n'est plus possible.
Quand le bâtiment marche à cet angle limite, on
dit qu'il navigue *au plus près* : allure rude et fatigante, dans laquelle il faut souvent beaucoup de
temps pour peu gagner sur le vent contraire. A la
marche directe vers le point qu'on veut atteindre, on
substitue alors une série de *bordées* ou de zigzags
suivant des lignes obliques sur celle qu'il s'agirait de suivre; à chaque sommet du zigzag, on *vire
de bord*, par un mouvement du gouvernail accom-
pagné d'un changement de l'orientation des voiles.
Plus un navire est fin, c'est-à-dire plus il est long par
rapport à sa largeur, et plus il a de facilité à lou-
voyer ainsi contre le vent. Mais ce n'en est pas moins
pour tous les navires une marche ingrate, bien propre
à exercer la patience du marin. Le *largue*, le *grand*

largue, directions du vent normales à la route, et dans
lesquelles toutes les voiles portent directement, sans
que l'une d'elles puisse masquer les suivantes, sont
les allures les plus favorables à la marche d'un fin
voilier. Le vent-arrière n'a pas autant d'avantages
qu'on serait tenté de lui en attribuer au premier
abord : les voiles du mât d'arrière masquent les
voiles des autres mâts, et si le vent est trop fort, il
tend à engager l'avant du bâtiment dans les vagues.
Les grandes chaloupes de la Méditerranée, du lac de
Genève et de certains lacs d'Écosse, qui portent des
voiles triangulaires, dites *voiles latines*, corrigent le
premier effet en disposant les voiles *en ciseaux* : la
voile du premier mât est tendue vers la droite, la
voile du second vers la gauche, et le vent arrière
agit à la fois sur les deux. Mais c'est là un artifice
qu'on ne peut appliquer aux grands navires.

Pour achever cette comparaison entre le vent arrière et le vent de côté, observons que le bâtiment
qui file vent arrière ne peut revenir sur ses pas,
la direction du vent restant la même, sans courir
des bordées qui allongent démesurément sa route ;
tandis que le vent largue donne autant de facilité au
bâtiment pour se mouvoir dans un sens que dans l'autre, le long de la ligne qu'il parcourt. Ces considérations, à peu près indifférentes pour les transports
du commerce, avaient une grande importance dans
la marine militaire à voile. On l'a vu à Trafalgar,
en 1805. La flotte française et la flotte espagnole,
alors alliées, étaient en ligne de bataille, sous le vent
de la flotte anglaise ; celle-ci, commandée par Nel-

son, occupait une double ligne à angle droit sur cette
direction. Nelson laissa passer la plus grande partie
des vaisseaux ennemis, et vint couper notre ligne,
en concentrant toutes ses forces sur nos derniers
vaisseaux; ceux qui les précédaient et qui s'étaient
laissé porter vers la côte, assistèrent à la défaite
sans pouvoir regagner contre le vent le champ de
bataille.

L'étude des lois qui président en chaque point du
globe à la direction des vents, a fait de notre temps de
véritables progrès. On connaissait depuis longtemps
certains phénomènes généraux, dont la régularité ou
la périodicité avait tout d'abord frappé les observa-
teurs; de ce nombre étaient les *vents alizés*, par
exemple, qui soufflent des pôles vers les tropiques,
et qui infléchissent leur route de manière à la rendre
sensiblement parallèle à l'équateur, et la *mousson*
des mers de l'Inde et de la Chine, qui offre la même
périodicité que les saisons. On a été plus loin de nos
jours. Non-seulement on sait à peu près aujourd'hui
quels sont les vents régnants dans les différents lieux
du globe, mais encore on a saisi, dans ses principaux
traits, la loi des tempêtes; on y a reconnu un phénomène analogue à celui des tourbillons qu'on voit se
produire dans les cours d'eau; on connaît le sens
dans lequel ce tourbillon atmosphérique tourne sur
lui-même, et le sens dans lequel il se déplace. On
sait enfin que les deux limites de la région balayée
par le *cyclone* ne doivent pas être également redoutées
par les navigateurs; d'un côté est le *bord maniable*,
de l'autre le *bord dangereux*. Le baromètre, observé

d'une manière continue en un grand nombre de stations, accuse nettement, par ses oscillations, les particularités du phénomène ; on peut en présumer la marche, et le télégraphe électrique peut parfois en avertir d'avance les populations intéressées. A cette observation des courants de l'atmosphère utilisés pour la propulsion des navires, on a ajouté l'examen des courants de la mer qui peuvent, suivant les cas, favoriser ou entraver la navigation, et l'on est arrivé, par cette suite d'études, à tracer sur la carte les routes qu'il est préférable de faire suivre aux bâtiments. Le capitaine Maury, de la marine des États-Unis, a attaché son nom à ces longues recherches, qu'il entreprit seul, en collationnant avec soin tous les registres de bord qu'il put réunir. Si les résultats auxquels il arriva ne sont pas universellement acceptés, et si la suite des observations doit en faire modifier quelques-uns, la gloire d'avoir posé la question et esquissé la méthode qui conduira à la résoudre, ne lui en revient pas moins tout entière.

Passons aux moulins à vent (fig. 17). Ici, l'appareil est fixe, et la pression du vent sur les ailes, dont le plan reçoit une légère obliquité par rapport à sa direction, les fait tourner dans un sens particulier. Pour obtenir le plus grand effet possible, il faut commencer par orienter les ailes du moulin de manière que leur axe soit dirigé contre le vent qui souffle. Les ailes sont formées d'une sorte de treillis en bois, sur lequel on étend des toiles, plus ou moins, suivant la violence du vent, de même qu'à bord des bateaux à voiles on *prend des ris* pour diminuer la surface de la voilure lorsque le vent s'élève trop fort. Le moulin à vent est un appareil simple, rustique, qui, dans les pays bien découverts, en Flandre, en Hollande, dans les plaines

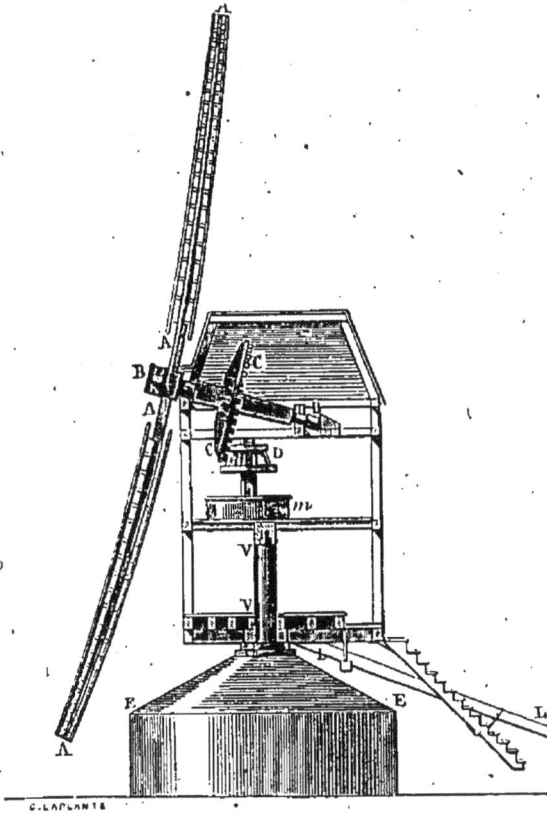

Fig. 17. — Coupe d'un moulin à vent.

AA, ailes. — BB, arbre tournant. — CC, D, roue d'angle. — m, meule. — VV, pivot du moulin. — EE, fondation. — LL, levier servant à orienter le moulin.

du Nord de l'Europe, et sur les côtes de l'Océan, rend les plus grands services.

Le type ordinaire exige l'intervention fréquente du meunier, pour orienter les ailes et pour augmenter ou diminuer la toile, suivant que le vent tombe ou fraichit. Les changements dans la surface de toile ne peuvent se faire qu'en arrêtant le mouvement de l'appareil. On a proposé différents mécanismes pour obtenir le résultat voulu sans suspendre le travail du moulin. On connaît même un moulin à vent entièrement *automoteur*, qui s'oriente de lui-même, et où le jeu d'un contre-poids et la pression du vent suffisent pour ramener à chaque instant la surface des ailes aux dimensions qui conviennent à la marche de la machine. Ce modèle, dû à M. Amédée Durand, n'a pas pénétré dans la pratique. Il est un peu trop délicat pour les usages agricoles ; quant à l'industrie, elle préfère au vent des moteurs plus dispendieux, mais moins capricieux, qui ne l'exposent pas à des chômages irréguliers et imprévus. Pour l'agriculture elle-même, où le temps a parfois un si grand prix, l'emploi du vent comme moteur peut avoir les inconvénients les plus graves. S'agit-il d'irriguer des prairies pendant la saison d'été, le vent peut faire défaut pendant plusieurs semaines et paralyser les pompes destinées à remplir les réservoirs. Faut-il dessécher un marais pendant la saison des pluies, la pluie qui tombe abat le vent, et les pompes d'épuisement s'arrêtent juste au moment où le terrain est le plus exposé à l'inondation.

Cette absence de vent, dans certaines régions, pendant des périodes plus ou moins longues, est un des défauts principaux du vent considéré comme moteur. La navigation à voile, par exemple, a à redouter les *calmes*, pendant lesquels un navire est condamné à une immobilité d'autant plus désagréable que l'ab-

sence locale de vent n'implique pas toujours, tant
s'en faut, le repos absolu de la mer. La cessation du
vent fait donner de fausses indications à un appareil
très-digne de foi, à la girouette ; il faut bien qu'elle
ait une orientation, et quand le vent tombe, elle
s'arrête dans la direction du dernier courant d'air
qu'elle a subi, accusant ainsi un vent qui n'existe
plus et qui, de longtemps peut-être, ne se repro-
duira pas. Pour être parfaite, une girouette devrait avoir une longueur variable avec l'intensité
du vent qui agit sur elle, de telle sorte que lorsque
le vent cesse tout à fait, elle se retire entièrement
dans son pivot, sans continuer à montrer une direction
qui n'a plus de rapport avec la situation présente de
l'atmosphère.

Les *panémores* sont des moulins à vent horizontaux, toujours orientés ; on les forme au moyen de
deux branches en croix, aux extrémités desquelles
on place des demi-sphères creuses, dont la concavité
s'ouvre vers la droite, par exemple, pour un observateur placé au centre de la croix. Cet appareil, posé dans
un courant d'air, recevra le vent dans la concavité de
l'hémisphère situé à un bout d'une des branches, et
sur la convexité de l'hémisphère situé à l'autre bout.
Il est facile de prévoir que l'hémisphère creux, qui
renverse le mouvement des filets gazeux, subira de la
part de ces filets une poussée plus grande que l'hémisphère convexe, à la surface duquel ils peuvent glisser
sans déviation bien sensible. Le croisillon se mettra
donc à tourner, et ce mouvement pourra être re-
cueilli pour agir sur certaines machines. On se sert

de cet appareil pour mesurer la vitesse du vent. Il suffit, en effet, de compter le nombre de tours que le croisillon fait par minute, pour pouvoir comparer entre elles les vitesses des différents courants d'air dans lesquels on l'a plongé.

Pour terminer la nomenclature des machines dans lesquelles le vent est employé comme moteur, nous citerons l'usage qu'on en peut faire, notamment sur les bords de la mer, pour la traction des voitures. Les Chinois s'aident du vent pour pousser leurs brouettes ; en Hollande et sur les glaces du Nord, pendant l'hiver, entre Pétersbourg et Cronstadt, par exemple, on se sert de traineaux à voiles. Enfin, l'histoire a conservé le souvenir du chariot du prince d'Orange, qui parcourait sous la seule action du vent les plages de Scheveningen.

Des essais semblables avaient été faits sur le bord de la Meuse. S'ils ont peu réussi, cela tient à l'irrégularité du vent, à la difficulté qu'on a de maîtriser le véhicule quand il est une fois lancé, et enfin aux accidents provoqués par la frayeur des chevaux à la vue de semblables appareils, auxquels ils ne sont pas accoutumés[1]. Ce dernier inconvénient ne serait, bien entendu, que transitoire.

---

[1] *Les Merveilles de l'art naval,* de M. Léon Renard, pages 245 et suivantes.

MARÉE

Les oscillations périodiques de l'Océan peuvent, comme les mouvements de l'atmosphère, fournir un moteur aux machines.

Rien n'est plus facile que d'observer, sur les côtes de l'océan Atlantique, le phénomène des marées. Deux fois par jour, la mer monte, puis redescend ; tantôt elle envahit les plages de sable ou de galets, et vient battre le pied des falaises ; tantôt elle se retire, en laissant ces mêmes plages à nu. Son mouvement ascensionnel s'appelle le *flot*; son mouvement de retraite, le *jusant*. En général, les pleines mers se succèdent, d'un jour au jour suivant, à des intervalles réguliers d'environ vingt-quatre heures quarante-cinq minutes.

Mais l'intensité des phénomènes est variable d'un jour à l'autre ; en une semaine, les pleines mers successives atteindront, par exemple, des niveaux de moins en moins élevés, et les basses mers s'arrêteront à des cotes de plus en plus hautes ; de sorte que l'amplitude totale de l'oscillation se resserre et décroît de plus en plus. La semaine suivante, le niveau des hautes mers s'élèvera successivement, en même temps que celui des basses mers deviendra de plus en plus bas ; l'oscillation s'élargit, et on retrouve enfin une grande marée au bout de la quinzaine. On est alors en *vive eau* ; huit jours après, on sera en *morte eau* ; au bout de quinze jours on retrouvera une nouvelle haute mer de vive eau, et ainsi de suite.

On avait depuis longtemps remarqué le rapport intime qui rattache ce mouvement incessant de la mer au mouvement de la lune; Newton a complété ce premier aperçu; en montrant dans les marées une conséquence nécessaire de son grand principe de la gravitation universelle, et en faisant voir qu'elles étaient le résultat des déformations que l'attraction du soleil et de la lune produit sur la masse liquide répandue à la surface de notre globe. On démontre, en effet, que, sous l'influence d'un corps attirant extérieur, une sphère liquide tend à prendre une forme ovale, allongée vers le corps attirant. L'attraction a pour effet d'élever les eaux dans la région de la sphère la plus rapprochée du corps attirant, et de les élever aussi dans la région la plus éloignée : ce dernier résultat semble paradoxal au premier abord, mais il s'explique en remarquant que la masse entière de la sphère est libre de céder à l'attraction du corps extérieur; ce corps attire plus les points voisins que les points éloignés ; il attire donc plus le centre de la sphère que les eaux situées sur la surface sphérique du côté opposé à celui où il se trouve placé lui-même ; cette inégalité équivaut, quant à la déformation de la sphère liquide, à une véritable répulsion.

La même théorie montre que l'action d'un astre sur les marées est proportionnelle à la masse de cet astre, et inversement proportionnelle au cube de sa distance à la terre. De là vient la prépondérance de la lune dans la production du phénomène. Les grandes marées sont celles pour lesquelles les

actions du soleil et de la lune sont concordantes ;
elles arrivent dans les *syzygies*, c'est-à-dire aux nouvelles lunes et aux pleines lunes ; les marées de morte
eau sont celles où la marée solaire contrarie la marée lunaire, ce qui a lieu lorsque la lune est dans
une *quadrature*, au premier ou au dernier quartier.
Enfin, les variations de la distance de la lune à la
terre, et de la distance angulaire de la lune au soleil,
ont une grande influence sur l'amplitude de l'oscillation, et se traduisent par des différences extrèmement sensibles dans la hauteur des hautes mers
successives. On sait aujourd'hui évaluer numéri-
quement ces influences, et assigner d'avance un
nombre de degrés qui mesure pour ainsi dire la hauteur probable à laquelle s'élèvera la pleine mer en
un point donné des côtes, à un jour déterminé. L'action irrégulière du vent peut troubler le phénomène,
sans pour cela faire mentir la formule, puisqu'on y
fait abstraction de cette cause perturbatrice ; s'il
souffle du large, il élèvera le niveau de la haute mer ;
s'il souffle de terre, il l'empêchera au contraire de
monter jusqu'au niveau prévu. C'est la partie irrégulière et capricieuse du phénomène, ou, pour mieux
dire, c'est la partie où la loi naturelle nous est le
plus inconnue.

Outre l'inégalité si frappante entre les marées successives prises au même point des côtes, il y a une
extrême inégalité d'amplitude entre les marées ob-
servées le même jour en des points différents. La forme
et l'orientation des côtes ont sur l'oscillation, sur sa
durée, sur sa hauteur, une énorme influence. Ainsi la

mer monte de six mètres au plus à Lorient, et de seize à dix-sept mètres dans la baie de Saint-Malo ; ainsi elle demeure haute pendant deux heures au Havre, tandis qu'à Cordouan elle perd sitôt qu'elle a atteint sa cote la plus élevée. Le phénomène des marées a ainsi, en chaque point, des lois particulières, que l'observation seule peut révéler. En pleine mer et sur les îles de l'océan Pacifique, la marée est à peu près nulle ; elle ne devient sensible que sur les côtes des continents, et s'accuse principalement sur celles qui s'opposent à la libre propagation du flot. Sur les petites mers et sur les lacs, sur la Méditerranée, la Baltique et la Caspienne, il n'y a généralement pas de marées, et les changements de niveau sont l'effet du vent ou tiennent à d'autres causes locales. On observe pourtant à Venise, sur l'Adriatique, mer fermée, des marées régulières d'environ deux pieds d'amplitude.

Pour utiliser, au point de vue mécanique, les mouvements de la mer, on fera remplir par la mer haute des bassins qu'on fermera lorsqu'elle commencera à descendre ; puis, quand elle aura atteint un niveau moyen, on laissera écouler l'eau du bassin, en la faisant agir sur une roue hydraulique, qui pourra fonctionner pendant toute la durée de la mer basse. Le travail de la roue sera interrompu par le retour de la mer montante, dont on profitera pour remplir de nouveau le bassin. Telles sont les conditions du service des *moulins à marée*, appareils peu recommandables ; car ils ne fournissent qu'un travail intermittent, soumis à toutes les inégalités des marées successives. Aussi en fait-on peu d'usage aujourd'hui.

Un célèbre ingénieur anglais, Robert Stephenson, avait pensé se servir des marées de la mer d'Irlande pour amener à sa hauteur, c'est-à-dire à trente-trois mètres d'élévation, les diverses travées du pont tubulaire qu'il construisait sur le détroit de Menai ; le moteur n'aurait rien coûté. Mais les inégalités qu'il aurait fallu subir, le temps qu'aurait demandé un tel travail, et enfin les difficultés croissantes qu'on aurait rencontrées pour enlever à chaque fois sur des pontons flottants un tube extrèmement lourd, placé à des hauteurs de plus en plus grandes, ont engagé le grand constructeur à renoncer à cette solution. Il a préféré comme appareils de levage des presses hydrauliques, mises en mouvement à l'aide d'une machine à vapeur.

La marée est utilisée par la navigation. Les courants qu'elle crée aident les bâtiments à remonter les rivières. On l'utilise encore pour remplir d'eau de mer les marais salants des côtes de l'Atlantique. Dans les ports, on s'en sert pour faire des *chasses*, opération qui consiste à laisser écouler le plus vite possible dans l'avant-port une masse d'eau retenue à marée haute ; ce passage rapide affouille le chénal et lui donne de la profondeur. En dehors de ces usages, les mouvements de la mer sont sans intérêt industriel.

L'attraction de la lune sur la partie fluide de notre planète peut être comparée, suivant certains astronomes modernes, à l'action d'un frein qui tendrait à

enrayer le mouvement de rotation de la terre autour
de ses pôles. Sous cette action attractive, la mer tend
à prendre la forme qui convient à son équilibre ; mais
le déplacement continuel de l'astre attirant la force
incessamment à quitter la forme qu'elle vient de
prendre pour, en prendre une nouvelle. Dans ce travail, le bourrelet formé à la surface des mers se
trouve toujours en retard par rapport à la position
prise au même instant par la lune, de sorte que l'action attractive, au lieu de passer par le centre du
globe terrestre, passe en dehors de son axe et tend à
diminuer sa vitesse de rotation. De là une cause de
ralentissement, qui agit, il est vrai, avec une extrême
lenteur, mais qui ne sera entièrement nulle que
quand la mer, entièrement congelée, sera parvenue
à l'état solide. On pense que c'est à des actions du
même genre qu'est due cette singulière propriété des
satellites de tourner toujours la même face vers leur
planète principale. Leur rotation sur eux-mêmes aurait été graduellement réduite, lorsqu'ils étaient encore fluides, par l'attraction de la planète, jusqu'à ce
que sa durée fût devenue égale à celle de leur révolution. Tout le monde a pu remarquer que notre
satellite, la lune, nous présente toujours la même
moitié de sa surface, bien reconnaissable aux dessins
formés par les ombres de ses montagnes.

CHALEUR

C'est dans les machines à vapeur, ou, comme on disait autrefois, dans les *pompes à feu*, que l'on a cherché, pour la première fois, à employer la chaleur comme force motrice. Nous ne nous arrêterons pas, dans le rapide exposé que nous allons présenter, aux premiers essais qui en ont été faits, et qui remontent à une époque reculée. Ni l'*Éolipyle* de *Héron d'Alexandrie*, ni les vases de *Salomon de Caus*, ni ceux du *marquis de Worcester*, appareils dans lesquels les pressions exercées par la vapeur chaude sont utilisées comme forces mouvantes, ne sont encore des machines à vapeur dans le sens moderne du mot. La première véritable machine à vapeur est celle de *Denys Papin*; elle est caractérisée par un cylindre, au dedans duquel se meut un piston animé d'un mouvement de va-et-vient.

Papin cherchait simplement un moyen de faire à volonté le vide sous son piston parvenu au haut de sa course, pour que la pression de l'air extérieur pût le ramener en sens inverse au fond du cylindre; les termes du problème restèrent ainsi posés jusqu'à Watt, qui élargit la question et en fit comprendre la véritable étendue. Pour arriver au résultat, Papin employa d'abord la poudre à canon. Il en répandait une légère couche sur le fond du cylindre, puis il y mettait le feu; les gaz produits par la déflagration remplissaient le cylindre, et pressant le piston de bas en haut, faisaient équilibre à la pression atmosphérique :

un contre-poids faisait monter le piston jusqu'à sa position supérieure. Alors les gaz intérieurs se refroidis-
sant, leur pression diminuait graduellement, jusqu'à
devenir plus petite que la pression de l'atmosphère;
aussitôt le piston se mettait en mouvement et rétro-
gradait jusqu'au bas de sa course. Le mouvement oscillatoire ainsi obtenu était lent, peu régulier, et exigeait à chaque coup l'introduction d'une petite charge
de poudre entre le piston et le fond du cylindre. Tel
est le point de départ des machines à vapeur; Papin
lui-même n'a pas hésité à renoncer à ce système;
mais cette première idée n'a pas été pourtant aussi
stérile qu'on pourrait le croire. Elle a été transformée
de nos jours et a donné lieu à un nouveau procédé,
très-rapide et très-élégant, pour le battage des pieux.

Au lieu d'une charge de poudre, qu'il fallait renouveler à chaque instant, et dont la combustion subite
aurait endommagé le piston et le cylindre, Papin mit
au fond de son cylindre une couche d'eau, qu'il convertit en vapeur en la chauffant. Le piston, soulevé
par la pression de la vapeur, s'arrêtait au point le plus
haut du cylindre. Alors on retirait le feu. La vapeur
commençait à se condenser et à revenir à l'état liquide.
Le vide se faisait sous le piston, qui bientôt était
ramené à sa position première par la pression extérieure de l'air. On rapprochait ensuite le feu pour obtenir une nouvelle oscillation, et le mouvement de va-
et-vient du piston s'entretenait ainsi en approchant
le feu pour le faire monter, et en l'éloignant pour
le faire descendre. On connaît les dimensions du
cylindre dans lequel Papin fit ses premières expé-

riences (1690) : il avait deux pouces et demi de
diamètre et pesait cinq onces. Le système était encore très-lent et très-incommode. Papin n'en resta
pas là et imagina plusieurs perfectionnements qui
rapprochent sa machine à vapeur des types plus modernes. Exilé de France par la révocation de l'édit de
Nantes, il essaya d'appliquer ses machines à la navigation, et c'est sur un fleuve allemand, le Weser,
qu'il fit les premiers essais d'un bateau à vapeur. Ses
procédés étaient sans doute trop rudimentaires pour
que cette tentative pût pleinement réussir. Les bateliers du Weser n'en attendirent pas l'insuccès. Crai-
gnant, un peu trop tôt sans doute, la concurrence que
les machines à vapeur pourraient faire un jour à leur
industrie, ils mirent en pièces le bateau de Papin, et
firent entièrement avorter son entreprise. On a renouvelé cet essai au commencement de ce siècle, mais
alors avec un succès assez complet pour faire taire tous
les récalcitrants. Papin n'en est pas moins le véritable inventeur de la machine à vapeur moderne; la
marche de son appareil primitif offre les trois phases
du jeu de cette machine : production de la vapeur, emploi du fluide dans un cylindre contenant
un piston mobile, et condensation; seulement ces
trois opérations s'effectuaient dans le même espace.
Les perfectionnements de la machine ont consisté à
les séparer et à leur affecter à chacun des locaux spéciaux. A ce point de vue, les états successifs de la
machine à vapeur rappellent les échelons de la série
animale. On trouve à la base de cette série des animaux réduits à la plus grande simplicité, et chez qui,

ie même organe est appelé à remplir un grand nombre de fonctions. A mesure qu'on s'élève dans la série, on aperçoit une division plus tranchée entre les fonctions des organes, jusqu'à ce qu'enfin on arrive aux animaux supérieurs, où chaque organe a une fonction unique et distincte.

La machine de Papin n'était guère qu'un instrument de physique, démontrant qu'on pouvait employer la vapeur comme force motrice; sa machine à deux cylindres n'avait été construite que pour ce bateau dont l'essai n'avait pas réussi. Les idées de Papin furent d'abord un peu délaissées. Un Anglais, Savery, fit revivre les essais de Salomon de Caus et du marquis de Worcester, et construisit une machine d'épuisement, où la vapeur agissait directement sur l'eau. Ce n'est que plus tard (1705) que Newcomen, reprenant la question au point où Papin l'avait laissée, dota la machine d'un notable perfectionnement, et la fit entrer dans la pratique. Ce perfectionnement consistait dans la séparation du corps de pompe d'avec la chaudière où l'eau était maintenue à l'état d'ébullition. La machine de Newcomen, à laquelle on donna le nom de *pompe à feu*, était destinée à l'épuisement des mines (fig. 18). Elle comprenait une chaudière placée sur le foyer, et munie, à sa partie supérieure, d'un robinet qu'on manœuvrait à la main, pour ouvrir à la vapeur l'entrée du cylindre. La tige du piston, prolongée par une chaîne, était attachée à un balancier en charpente, à l'autre bout duquel était suspendue la tige des pompes élévatoires. La vapeur, introduite sous le piston, équilibrait la pression atmosphérique qui s'exerçait sur son autre face; le poids de l'attirail des pompes l'emportait sur le poids du piston et de sa chaîne, et le piston remontait à son point le plus haut. Pour obtenir la course en sens inverse, il n'y

Fig. 18. — Machine de Newcomen.

A, chaudière. — H, piston. — D, tube d'injection d'eau froide.

avait plus qu'à condenser la vapeur sous le cylindre, résultat que Papin obtenait en éloignant le feu. Le hasard fournit à Newcomen un procédé bien préférable. Il avait d'abord placé sur la face supérieure du. piston une couche d'eau, pour empêcher la vapeur de passer entre le piston et la paroi du cylindre. Le joint n'était probablement pas très-régulier et très-étanche, et parfois une certaine quantité d'eau s'introduisait sous le piston. Aussitôt le piston retombait au fond des cylindres, et la vapeur était immédiatement condensée. Newcomen en conclut que quelques gouttes d'eau froide, lancées dans un espace plein de vapeur, suffisent pour opérer la condensation. Il fit aboutir au fond du cylindre un tuyau partant d'un réservoir d'eau froide et fermé par un robinet; et pour condenser la vapeur, il n'eut plus qu'à tourner ce robinet, de manière à lancer dans le cylindre un jet d'eau froide. La condensation se faisait dans le cylindre même, et le jeu du piston s'obtenait en ouvrant et en fermant alternativement le robinet de la vapeur et le robinet d'eau froide. Des enfants étaient chargés de manœuvrer ces robinets.

Ici, l'histoire mentionne un nouveau perfectionnement. Un des enfants chargés de ce service assüjettissant, Humphry Potter, trouva, sans doute après quelques tâtonnements, le moyen de rattacher au balancier, par des ficelles, les branches de son robinet, et de faire exécuter son travail par la machine elle-même. L'artifice du petit manœuvre réussit parfaitement, et les constructeurs en profitèrent pour substituer à la main d'un ouvrier des systèmes de tiges faisant le même travail, mais mises en mouvement par le jeu de la machine. Quant à Humphry Potter, qui s'était rendu inutile par son invention, on le renvoya. Fut-il récompensé? On n'en sait rien. Dans tous les cas, il serait injuste de l'accuser de paresse. Chercher à se débarrasser d'un travail fastidieux, appliquer à cette recherche l'activité de son esprit, ce n'est pas là le péché de paresse, c'est, au contraire, le principe de toutes les découvertes. Arriver à un résultat par la voie la plus facile et au prix des moindres efforts, voilà le but de toute industrie ; la répulsion que nous éprouvons pour un travail pénible est ainsi le plus grand stimulant du progrès de l'humanité. Certaines écoles socialistes promettent aux hommes le travail attrayant. Est-ce à dire qu'aujourd'hui le travail n'ait aucun attrait? Non, car l'attrait du travail existe, attaché, il est vrai, non au travail lui-même, mais au résultat à obtenir; le salaire en est la forme la plus vulgaire et la plus générale. Si l'on parvenait à l'attacher au travail lui-même, on verrait aussitôt les hommes mettre autant de soins à augmenter leur travail qu'ils en prennent à présent à le réduire; le résultat du travail leur deviendrait indifférent; il n'y aurait plus de progrès, ni même de produits. Toute l'activité humaine se dépenserait dans des jeux sans fin, où l'on multiplierait les difficultés à plaisir. Combien de jours un tel état pourrait-il durer, avant que l'aiguillon de la faim vienne rappeler les hommes aux vrais principes de leur nature ?

La pompe à feu de Newcomen ne servait qu'à mettre des pompes en mouvement. James Watt, dont le grand nom domine encore aujourd'hui toute l'histoire de la machine à vapeur, en fit une machine universelle, et la porta au plus haut point de perfection. Le premier, il comprit nettement que le véritable moteur de la machine n'est pas la vapeur, mais bien la chaleur dont elle est dépositaire. Aussi tous ses efforts tendirent-ils à ménager le mieux possible le précieux calorique produit à grands frais par la combustion du foyer. Le cylindre de Newcomen était successivement rempli de vapeur sortant de la chaudière, puis soumis à une injection d'eau froide. Il était donc alternativement froid et chaud : froid au moment où l'on ouvrait le robinet de vapeur, chaud quand on lançait le jet d'eau liquide. Dans le premier cas, une certaine quantité de chaleur était employée inutilement à réchauffer les parois du cylindre ; dans le second, cette même quantité contribuait à échauffer l'eau injectée et nuisait ainsi à la rapidité de la condensation. Watt remédia à tous ces défauts en affectant une chambre spéciale à la condensation, comme Newcomen avait affecté un espace spécial à la production de la vapeur. Le *condenseur* joint par Watt aux machines est une chambre froide, maintenue à une basse température par des injections répétées. Un principe de physique, découvert par Watt, le mit sur la voie de ce perfectionnement capital. Avant lui, on croyait que, pour condenser rapidement de la vapeur, il fallait la refroidir directement, en y lançant une certaine masse d'eau froide. Watt reconnut qu'on arrive aussi vite au résultat demandé, en ouvrant à la vapeur une communication libre avec un espace à une température notablement plus basse. Il s'opère alors une sorte de distillation, la vapeur est comme appelée par l'espace froid, et sa pression s'abaisse bientôt au degré qui correspond à la température de cet espace. Le cylindre ne fut plus exposé à des variations de chaleur aussi brusques, et, bientôt après, une chemise de vapeur, prise à la chaudière, contribua à le maintenir à la température de la vapeur elle-même, par l'action directe du foyer. Un autre perfectionnement important fut la substitution du cylindre fermé aux deux bouts au cylindre ouvert, sur le piston duquel Newcomen et, avant lui, Papin, laissaient agir la

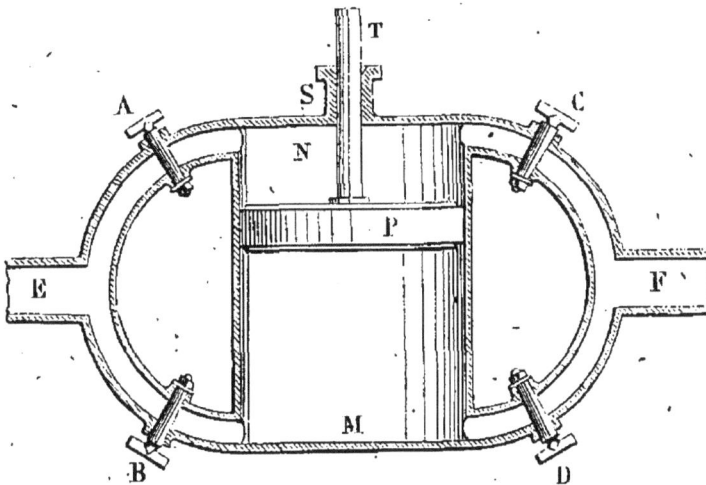

Fig. 19. — Type géométrique de la machine à double effet.

MN, cylindre. — P, piston animé d'un mouvement de va-et-vient. — T, tige du piston, traversant le couvercle du cylindre dans une *boîte à étoupes*, ou *stuffing-box*, S. — E, conduit qui amène la vapeur de la chaudière dans le cylindre. — F, conduit par lequel la vapeur se rend du cylindre dans le condenseur. — A,B,C,D, robinets pour la distribution. A et D sont fermés et B et C sont ouverts dans la course ascendante du piston; A et D sont ouverts, et B et C fermés dans la course descendante.

pression atmosphérique. Watt ferma le cylindre par en haut, en réservant dans le couvercle supérieur une ouverture pour le passage de la tige du piston. La vapeur de la chaudière entre librement dans une chambre de distribution, d'où elle passe alternativement sur les

deux faces du piston, suivant la position donnée à un tiroir mobile. On comprendra facilement le jeu de cette
machine à *double effet*, en la réduisant à ses parties
essentielles, et en remplaçant le mécanisme de la
distribution par une série de robinets qu'on suppo-
sera manœuvrés à la main (fig. 19). On voit clairement
sur la figure que l'ouverture simultanée des robinets
B et C, et la fermeture des robinets A et D met le dessous du piston P en communication avec la chaudière,
et le dessus avec le condenseur ; que par suite le
piston tend à s'élever sous l'excès de pression qu'il
subit de bas en haut. Le mouvement contraire s'ob-
tiendrait en ouvrant A et D et en fermant B et C.

Watt est aussi le premier qui ait songé à employer
les oscillations du piston de la machine à vapeur pour
donner un mouvement de rotation continue à un arbre
tournant : problème de transformation de mouvement sur lequel nous aurons à revenir dans le prochain chapitre.

Avant lui, la machine à vapeur était seulement destinée à mettre des pompes en mouvement. Watt la
rendit propre à tous les usages.

La *machine de Watt* est représentée (fig. 20) pendant la période où le piston accomplit, dans le cylindre, sa course descendante. La vapeur vient de la
chaudière par le tube *v* figuré à gauche ; elle rencontre d'abord une valve qu'on peut ouvrir plus ou
moins pour régler le débit et le travail de la machine. Puis elle entre dans la *boîte de distribution* T,
que nous décrirons tout à l'heure en détail. Un *tiroir*
m, mis en mouvement par la machine elle-même,

ouvre à la vapeur la partie du cylindre située au-dessus du piston, tandis qu'il ouvre à la vapeur enfermée sous le piston l'accès du condenseur H. Le piston J est ainsi sollicité de haut en bas, et il descend en entraînant sa tige K.

La tige s'attache, au point B, au *parallélogramme de Watt*, ABCD, dont les deux sommets C et D s'articulent au *balancier* CC'. Le balancier oscille autour de son axe O, en transmettant, par la *bielle* G et la *manivelle* OM, un mouvement de rotation continu à l'arbre O', qui distribue le mouvement à tous les outils de l'usine. Cet arbre porte de plus un *volant* V, roue massive destinée à régulariser le mouvement de rotation, et un *excentrique* qui, par l'intermédiaire des tringles *dd*, donne au tiroir le mouvement de va-et-vient nécessaire à la distribution. Le levier *l* est mis à la disposition du mécanicien pour désembrayer le tiroir, qu'il fait alors mouvoir à la main. Enfin, l'arbre O' transmet, au moyen d'une courroie *cc* et d'une roue d'angle *p*, le mouvement de rotation à l'axe du *régulateur à boules*, Z. Si le mouvement de la machine s'accélère, les boules remontent ; ce qui entraîne, au moyen d'un mécanisme particulier, la fermeture partielle de la valve du tuyau d'admission ; la chaudière donnant moins de vapeur, la vitesse de la machine se ralentit aussitôt. L'effet contraire est produit quand la machine marche plus lentement.

Le balancier met en mouvement trois pompes ; l'une X élève l'eau d'un puits U, et la verse dans la bâche R ; cette eau froide se rend dans le condenseur H, par le tube *t*. La pompe aspirante P, con-

Fig. 20. — Machine de Watt à double effet.

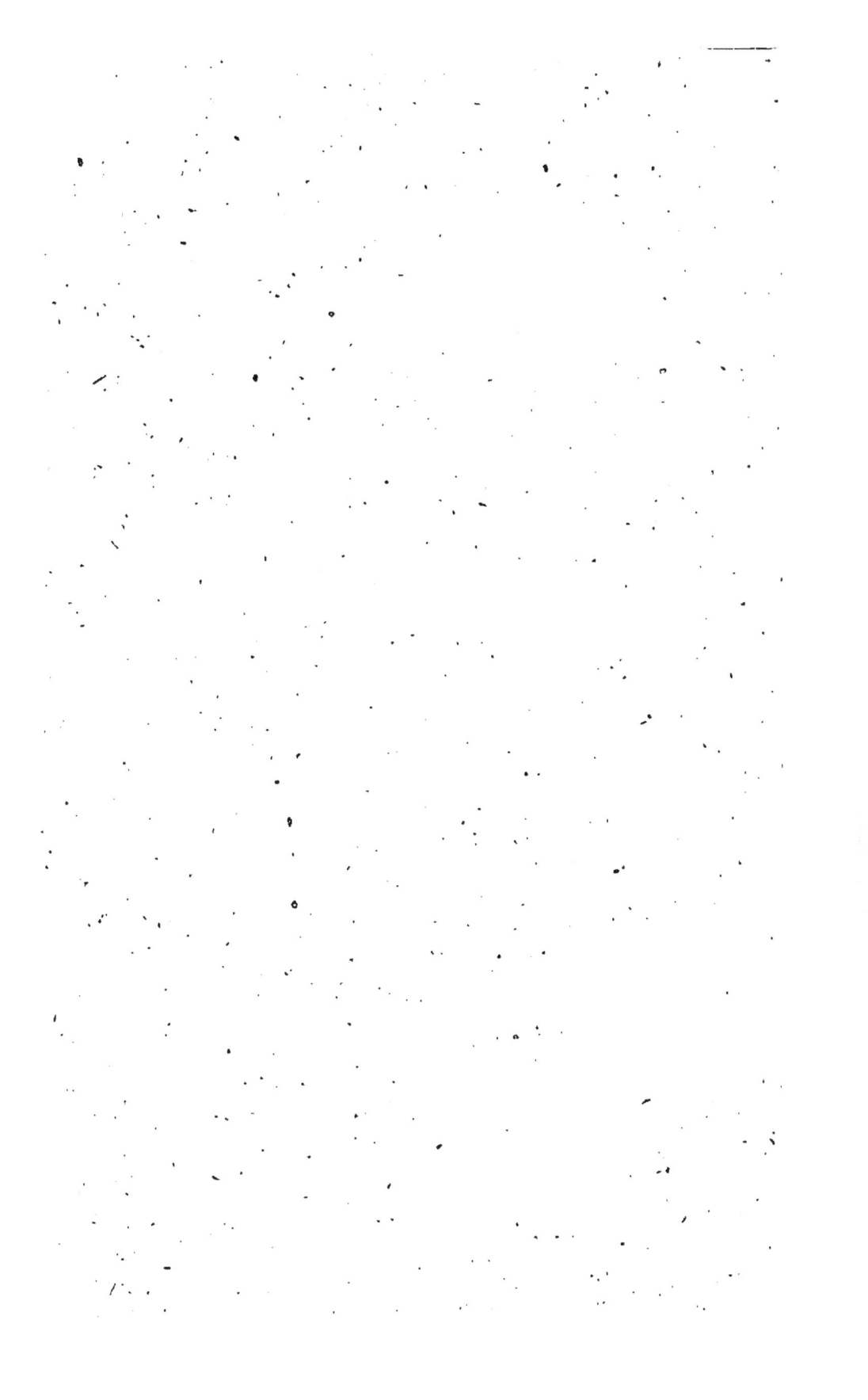

tribue à faire le vide dans le condenseur et en enlève
l'eau échauffée par la con-
densation. C'est la *pompe à
air*. L'eau aspirée traverse
le piston P, passe en E et
se déverse dans une bâche
spéciale R' en soulevant
la soupape S. Là elle est
reprise par la troisième
pompe Y, dite *pompe ali-
mentaire*, dont le piston
plongeur W la refoule dans
la chaudière, où elle est
convertie en vapeur.

Le mécanisme de la dis-
tribution mérite d'être étudié en détail. Watt em-
ploya d'abord, à cet usage,
le *tiroir en* D, représenté
sur la figure 21.

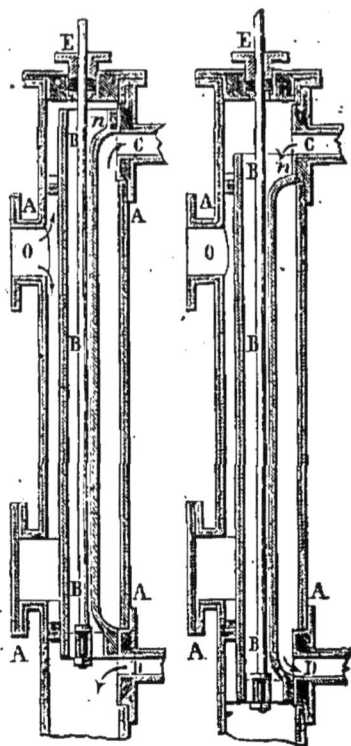

Fig. 21. — Tiroir.

O, tuyau d'amenée de la vapeur. —
AA, boîte de la distribution. —
C, conduit qui correspond à la
région du cylindre située au-dessus du piston. — D, conduit qui
correspond à la région située au-
dessous. La boîte de distribution
se prolonge vers le bas par un
tuyau qui mène au condenseur.—
BB, tiroir creux, ouvert aux deux
bouts, présentant dans la coupe
horizontale la forme d'un D; il
est manœuvré à l'aide d'une tige E
qui perce le couvercle supérieur
de la boîte à distribution dans
une boîte à étoupes.

Quand le tiroir est à
son point le plus haut, le
dessous du piston est en
communication directe,
par le tuyau D, avec le condenseur ; le dessus, par le
tuyau C, avec l'intérieur
de la boîte de distribution,
qui est pleine de vapeur.

Quand, au contraire, le tiroir est au bas de sa
course, le dessous du piston est alimenté par D,

et la condensation s'opère au-dessus par le conduit C, et par l'espace vide *n*BB, qui s'ouvre sur le condenseur.

Ce tiroir convenait pour les faibles vitesses ; il était massif et lourd, mais il avait une propriété précieuse, celle d'être équilibré, en vertu même de sa forme, sous l'action des pressions de la vapeur, de telle sorte qu'il n'y avait pas de grands frottements à vaincre pour le déplacer alternativement dans un sens et dans l'autre. L'admission des grandes vitesses a conduit depuis à préférer le *tiroir à coquille*, qui est beaucoup plus léger et que nous décrirons plus loin.

HAUTE PRESSION.

L'emploi du cylindre fermé et du double effet amena Watt à reconnaître l'avantage des hautes pressions.

La pression de la vapeur d'eau *saturée*, c'est-à-dire de la vapeur obtenue en vase clos au contact du liquide qui la produit, croît très-rapidement avec la température. A 100° du thermomètre centigrade, elle est égale à la pression atmosphérique normale, c'est-à-dire elle équivaut à une charge de 10,330 kilogrammes par mètre carré de surface. A 121°, elle s'élève au double ou à 2 atmosphères ; à 135°, elle atteint 3 atmosphères, et ainsi de suite, comme on peut le voir dans le tableau suivant :

TABLEAU DE LA PRESSION DE LA VAPEUR D'EAU.

PRESSION	TEMPÉRATURE CORRESPONDANTE	DIFFÉRENCES
1 atmosphère	100°	
2 —	121°	21°
3 —	135°	14°
4 —	145°	10°
5 —	153°	8°
6 —	160°	7°
7 —	166°	6°
8 —	172°	6°
9 —	177°	5°
10 —	182°	5°

Ce tableau montre que, pour une même différence entre les températures, il y a entre les pressions obtenues une différence d'autant plus grande que la température est elle-même plus élevée.

Outre la pression et la température, on peut considérer, dans un corps, ce qu'on appelle la *quantité de chaleur*. Tous les corps n'ont pas besoin de la même quantité de chaleur pour passer d'une température à une température plus haute. Ainsi il est plus facile d'échauffer d'un même nombre de degrés un kilogramme de cuivre qu'un kilogramme de fer. On a déterminé, par une série d'expériences, les quantités de chaleurs nécessaires pour échauffer les différents corps d'un certain nombre de degrés, pour les fondre, pour les réduire en vapeur, et notamment pour vaporiser un kilogramme d'eau à différentes températures.

On a reconnu qu'en prenant de l'eau froide, il fal-

lait lui fournir d'abord une certaine quantité de chaleur pour l'amener à la température de vaporisation,
puis une autre quantité de chaleur pour la vaporiser
sans changement de température. Ainsi, pour vaporiser, sous la pression atmosphérique, un kilogramme
d'eau liquide prise à 0°, il faut d'abord y introduire 100 *calories*, pour porter sa température à
100°, puis 536 *calories*, pour la réduire en vapeur
sous cette température; en tout 636 *calories*. La seconde partie, qui représente le travail du changement d'état, a reçu le nom de *chaleur latente*. Elle ne
varie pas beaucoup avec la température sous laquelle
l'eau se vaporise. Le tableau suivant donne les quantités totales de chaleur nécessaires pour réduire en
vapeur un kilogramme d'eau, sous différentes pressions ou à diverses températures, la température
primitive de l'eau liquide étant 0°.

PRESSIONS	TEMPÉRATURES	QUANTITÉS TOTALES DE LA CHALEUR DE VAPORISATION	DIFFÉRENCES
1 atmosphère. .	100°	636 calories. . .	
2 — . .	121°	643 — . . .	7 calories.
3 — . .	133°	648 — . . .	5 —
4 — . .	145°	651 — . . .	3 —
5 — . .	155°	654 — . . .	3 —
6 — . .	160°	656 — . . .	2 —
7 — . .	166°	658 — . . .	1 —
8 — . .	172°	659 — . . .	1 —
9 — . .	177°	660 — . . .	1 —
10 — . .	182°	661 — . . .	1 —

Si donc on réglait la température d'une chaudière
à 100°, la condensation se faisant à 40°, il faudrait

dépenser, par chaque kilogramme d'eau vaporisée, une quantité de chaleur proportionnelle au nombre 656; le travail produit par la machine serait à peu près proportionnel à la différence, 60°, des températures entre lesquelles la machine opère ; si, au contraire, on porte la température de la chaudière à 160°, ce qui correspond à une pression de 6 atmosphères, le travail produit sera sensiblement proportionnel à la différence 120° des températures, et la quantité de chaleur dépensée à 656 ; le travail sera doublé, et cela par un surcroît de dépense de $\frac{20}{636}$, ou d'environ $\frac{1}{30}$. La machine à haute pression utilise donc beaucoup mieux le combustible dépensé que la machine atmosphérique, et il y a, par conséquent, avantage à porter la pression à la plus haute valeur possible.

On est limité dans cette voie par la résistance des chaudières. Du temps de Watt, l'industrie du fer et des métaux était encore peu développée, et la construction d'une chaudière de grande dimension, capable de résister à des pressions intérieures de 4 ou 5 atmosphères, était presque impossible. Depuis cette époque, la chaudronnerie a fait de grands progrès, et maintenant on fabrique couramment des chaudières capables de résister à des pressions de 8, 9 ou même 10 atmosphères. On irait encore plus loin, si la tôle d'acier convenait à la fabrication des chaudières ; mais les essais qu'on en a fait n'ont, jusqu'à présent, que médiocrement réussi.

DÉTENTE

Watt est aussi l'inventeur de la *détente*, qui, tout en permettant d'économiser le combustible dans le foyer, peut donner à la machine la plus grande élasticité d'allure. Tout l'artifice consiste à interrompre la communication du cylindre avec la chaudière avant que le piston soit parvenu au bout de sa course. Supposons que la vapeur pénètre dans le cylindre sous la pression de 6 atmosphères, et cela pendant toute la course ; si l'on représente par le nombre 1 le volume du cylindre, le travail produit par une course simple du piston sera représenté par le produit 6 × 1, ou par le nombre 6. La vapeur contenue dans le cylindre occupera un volume représenté par 1, et elle possédera à la fin de sa course, comme au commencement, une pression égale à 6. On ouvre alors la communication avec le condenseur, et la vapeur s'y précipite, en perdant rapidement sa pression, c'est-à-dire en passant en un instant par les pressions intermédiaires entre 6 atmosphères et la pression du condenseur, une demi-atmosphère, par exemple. Cette baisse rapide de la pression est une véritable détente, qui ne profite pas à la puissance de la machine. Le mécanisme de la détente consiste à en utiliser une partie.

Pour cela, fermons la communication du cylindre avec la chaudière, lorsque le piston atteint le milieu de sa course : le volume engendré par le piston, à ce moment, sera représenté par $\frac{1}{2}$, et la pression de la vapeur étant toujours de 6 atmosphères, le travail produit dans cette demi-course est représenté par le produit $6 \times \frac{1}{2}$ ou par 3.

Pendant le reste de la course, le volume occupé par la vapeur augmente, et la pression diminue en conséquence, de telle sorte que, quand elle occupe la totalité du cylindre, ou le volume 1, sa pression soit réduite à moitié, ou à 3 atmosphères seulement.

Pendant cette seconde période, le travail produit se mesure par le volume $\frac{1}{2}$, multiplié par la moyenne des pressions successives, qui est égale à 4 atmosphères environ ; il est donc représenté par $4 \times \frac{1}{2}$ ou par 2 ; réunissant les deux périodes, on a le nombre 5 pour représenter le travail total produit par la course totale.

Dans le premier cas, le travail était 6, avec une dépense de vapeur égale au volume du cylindre, ou à 1 ;

Dans le second, le travail produit est 5, mais avec une dépense de vapeur égale seulement à la moitié du volume du cylindre, c'est-à-dire à $\frac{1}{2}$.

A égalité des quantités de vapeur dépensées, c'est-à-dire à égalité de dépense de combustible, la puissance motrice, représentée par 6 lorsqu'il n'y a pas de détente, est portée à 10 par une détente de moitié de la course ; elle serait encore plus élevée si la détente était plus prolongée. Il semble même, au premier abord, qu'on pourrait l'accroître indéfiniment en poussant la détente de plus en plus loin. Mais on est bientôt arrêté dans cette voie par le refroidissement de la vapeur détendue, refroidissement d'autant plus prononcé que la détente est plus longue.

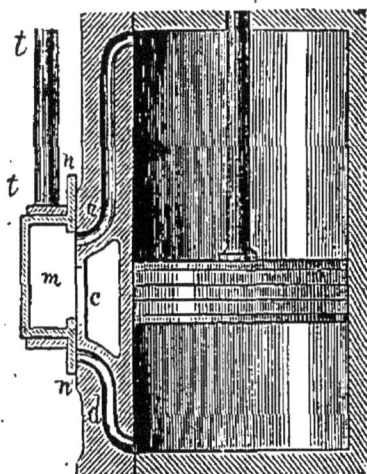

Fig. 22. — Tiroir à coquille.

tt, tige du tiroir. — *a* et *d*, conduits qui aboutissent, l'un au-dessus, l'autre au-dessous du piston dans le cylindre. — *c*, ouverture pratiquée dans la paroi extérieure du cylindre, et qui communique avec le condenseur. — *m*, intérieur du tiroir. — *n,n' brides de recouvrement*, dont la longueur règle l'étendue de la *détente*. Le tiroir reçoit de la tige *t* un mouvement de va-et-vient dans la boîte de distribution. Dans la position figurée ci-dessus, la région supérieure du cylindre est en communication avec le condenseur par l'espace libre *amc*, tandis que la vapeur contenue au-dessous du piston se *détend* en poussant le piston de bas en haut.

On y remédie partiellement en entourant le cylindre d'une chemise de vapeur en communication libre avec la chaudière; mais ce correctif, qui n'a pas non plus une efficacité indéfinie, exige une nouvelle dépense de combustible. En somme, la détente donne lieu à une économie très-sensible de charbon dans le foyer, et dans les machines où le mécanicien peut la faire varier à son gré, elle lui permet de modifier entre des limites étendues la marche de la machine.

Le *tiroir à coquille, avec bride de recouvrement*, représenté ci-contre, donne une détente fixe.

RÉGULATEUR A BOULES

Une dernière invention de Watt est celle du *régulateur à boules*, qui a pour objet d'empêcher la vitesse de la machine de s'écarter de la moyenne nor-

male. Nous en avons déjà dit quelques mots dans
la description de la machine à double effet, et nous
renverrons à la figure 20, où l'on voit en Z cet appareil.

Quand on fait tourner le régulateur autour de son
axe vertical, les boules s'écartent graduellement, et
se maintiennent à une certaine hauteur constante
tant que la vitesse reste la même. Elles s'écartent en
s'élevant dès que la vitesse s'accroît; elles se rappro-
prochent en s'abaissant si la vitesse diminue. Les
mouvements des boules sont transmis par deux tringles à un manchon mobile le long de la tige verticale de l'appareil, de telle sorte que ce manchon
monte quand il y accélération, et baisse quand il y
a ralentissement. Il entraîne dans ses déplacements
un levier qui fait tourner dans un sens ou dans l'autre la valve placée dans le tube d'amenée de la vapeur,
de sorte que toute accélération de la machine entraîne la fermeture partielle de la valve et la réduction du travail moteur; de là un ralentissement qui
ramène la vitesse à sa valeur normale. Le régulateur
de Watt n'assure pas rigoureusement à la machine
une vitesse constante; mais il fait subir à cette
vitesse une série de variations dans les deux sens,
qui équivalent, en moyenne, à une grandeur constante. L'appareil a été perfectionné de nos jours,
et les types dus à M. Farcot, à Foucault, à M. Char-
bonnier, résolvent le problème avec plus de ri-
gueur. Malgré ces perfectionnements, le régulateur,
comme les freins en général, peut être à bon droit
critiqué au point de vue mécanique. Si la vitesse

d'une machine et des outils qu'elle met en mouvement augmente tout à coup, cela tient à ce que les résistances diminuent, ou bien à ce que la puissance motrice augmente. Le régulateur tend à rétablir l'équilibre nécessaire à la marche normale, mais c'est en étranglant le conduit ouvert à la vapeur : résistance nouvelle qui ne correspond pas à un travail utile, et qui représente l'emploi en pure perte du charbon dépensé pour donner à la vapeur l'excès de pression dont elle est dépouillée au passage. La solution rationnelle consisterait, au contraire, à diminuer le feu et à économiser le combustible quand le travail à fournir décroît. La disposition des foyers et des chaudières ne se prête guère à cette combinaison.

Nous venons de passer en revue les principaux points de la carrière scientifique de Watt; le lecteur a pu se faire une idée de la pénétration, de la sûreté de vue, de la fécondité de ce beau génie. Un rapprochement peut être fait qui contribue encore à sa gloire. On a remarqué, et Louis XVIII, à sa rentrée en France, se plaisait un peu trop souvent à rappeler cette coïncidence, que le duc de Wellington était né en 1769, la même année que Napoléon. « La Providence, disait-il, nous devait ce contre-poids. » Louis XVIII ignorait probablement qu'en cette même année 1769, James Watt avait pris sa première patente. S'il l'avait su, il aurait pu y reconnaître une nouvelle faveur de la Providence. C'est à Watt, en effet, avant Wellington, que l'Angleterre dut ses triomphes dans les guerres du commencement du siècle. Sans Watt, sans sa machine à vapeur, sans la révolution industrielle qu'elle entraina, l'Angleterre, isolée du continent, aurait-elle pu vivre? Eût-elle été capable de soutenir cette lutte de vingt années dont elle finit par sortir victorieuse? C'est l'Angleterre qui donna le premier exemple de la prépondérance de l'industrie, phénomène tout nouveau, inconnu aux siècles passés, mais déjà familier au nôtre. Les victoires de l'industrie ont d'ailleurs cela de bon qu'elles profitent à l'humanité tout entière, sans acception de vainqueurs ou de vaincus. La machine à vapeur a joué un rôle important dans la longue querelle entre l'Angleterre et la France. Mais que n'a-t-elle pas fait depuis pour rapprocher les nations, et pour éteindre ces haines que des guerres continuelles avaient jusqu'alors entretenues entre les peuples?

MACHINE DE WOOLF A DEUX CYLINDRES

C'est seulement à la paix, en 1814, que la machine à vapeur perfectionnée commença à pénétrer en France; mais le type adopté par notre industrie ne fut pas le type de Watt, ce fut la *machine à deux cylindres*, inventée par Woolf.

Si l'on ferme à la fois les conduits A, DA' et D' (fig. 25), et qu'on ouvre les conduits B, CB' et C', la vapeur de la chaudière pressera le petit piston de bas en haut, la vapeur contenue au-dessus de ce piston se détendra sous le grand piston dans le second cylindre, et la vapeur contenue au-dessus du grand piston se condensera par le conduit C'. L'ensemble des deux pistons sera animé d'une vitesse descendante. Le contraire arrivera si l'on ouvre les trois premiers conduits et si l'on ferme les trois autres, une fois les pistons arrivés au haut de leur course.

La machine de Woolf a sur la machine à cylindre unique l'avantage de créer naturellement une dé-

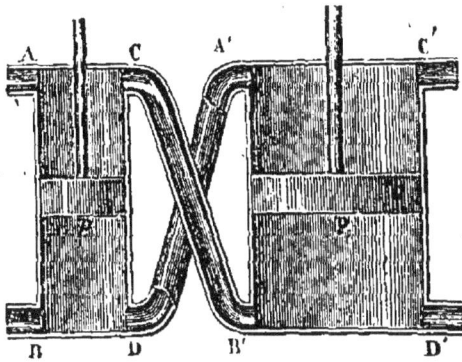

Fig. 25. — Machine de Woolf.

A et B, conduits qui communiquent avec la chaudière. — CB', conduit qui fait communiquer le dessus du petit piston p, avec le dessous du grand P. — DA', conduit qui fait communiquer le dessous du petit piston p avec le dessus du grand P. — C', D', conduits qui communiquent avec le condenseur.

tente, et d'égaliser les poussées exercées par la vapeur aux différents instants de la course des pistons. Dans la machine de Watt, à mesure que la pression de la vapeur diminue par suite de la détente, le piston subit et transmet au balancier une moindre poussée. L'action de la vapeur est donc sujette à des variations très-étendues. Dans la machine de Woolf, la vapeur pénètre à pleine pression dans le petit cylindre, et elle se détend au passage du petit piston au grand; la pression de la vapeur comprise entre les deux pistons varie d'intensité; mais cette force variable s'ajoute à la pression constante exercée sur le petit piston. Il y a donc dans les efforts transmis aux balanciers plus d'égalité dans la machine de Woolf que dans la machine de Watt. On attribuait autrefois beaucoup d'importance à l'égalité de la puissance motrice, et longtemps on a préféré pour les travaux industriels les moteurs hydrauliques, dont le mouvement est complétement uniforme, aux machines à vapeur, dont le mouvement est toujours soumis à des variations. Depuis, on a trouvé un exellent moyen de corriger ce défaut, et les machines à vapeur sont devenues des moteurs aussi réguliers que les roues et les turbines. Ce moyen consiste à joindre à la machine une roue plus ou moins massive, dont on sait aujourd'hui calculer le poids, et qui participe à son mouvement de rotation. On donne à cette masse le nom de *volant*. Quand la vitesse de la machine s'accélère, le volant intervient par sa masse pour en restreindre l'accélération; si elle diminue, le volant intervient encore pour l'accélérer, et l'on peut, en augmentant suffisamment le poids ou les dimensions de cette pièce supplémentaire, réduire autant qu'on le veut l'écart entre la plus grande et la plus petite des vitesses qui se succèdent pendant chaque oscillation complète de la machine.

Tout le monde a remarqué que le mouvement d'un train sur un chemin de fer horizontal est sensiblement uniforme; cependant le moteur, qui comprend une double machine à vapeur, est soumis à certaines irrégularités. Mais *la masse du train fait volant;* elle diminue les écarts de vitesse et ramène constamment le train à une certaine vitesse moyenne, que l'irrégularité périodique du mouvement de la machine tend à chaque tour à altérer dans un sens, puis dans

l'autre. La machine fixé à un seul cylindre, régula-
risée par un volant, possède en réalité toute l'uniformité nécessaire aux travaux-industriels. La machine
de Woolf ne présente plus d'autres avantages que
ceux de diminuer le poids du volant et de permettre
de pousser plus loin la détente.

Il existe d'autres moyens de régulariser la marche
d'une machine à vapeur; l'un des plus employés consiste à réunir deux ou même trois pistons, mis en
mouvement dans autant de cylindres, et à les faire
agir à la fois sur le même arbre tournant. Cette disposition s'applique ordinairement aux *machines à
action directe*, que nous allons décrire.

MACHINE A ACTION DIRECTE

La machine de Watt, celle de Woolf, comme l'ancienne pompe à feu de Newcomen, faisaient agir le
piston moteur sur un *balancier*, qui renverse le
mouvement, pour le transmettre soit aux pompes
d'épuisement, soit à l'arbre tournant d'une usine.
Cette pièce massive contribue dans une certaine mesure à régulariser, à la façon d'un volant, l'allure de
la machine; mais elle a de grands inconvénients.
C'est un poids considérable porté sur des appuis
élevés; c'est, de plus, un poids animé d'un mouvement alternatif, et dont la vitesse, par conséquent,
subit des variations très-rapides aux environs des
points où elle change de sens. La charpente sur
laquelle est porté l'axe du balancier reçoit alternativement des poussées qui tendent à la jeter tantôt

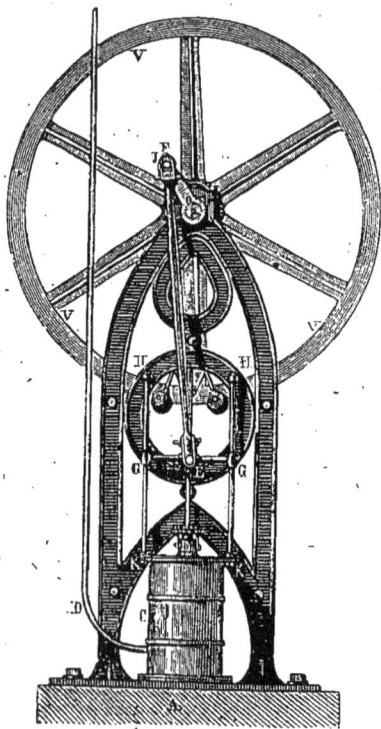

A, fondation de la machine. — C, cylindre. — KH, KH, guides verticaux du piston, destinés à soutenir, à l'aide des glissières G, la tête de la tige E. — EF, bielle. — JO, manivelle. — O, arbre tournant, portant en L l'excentrique pour la distribution de la vapeur, en N un autre excentrique qui commande la pompe alimentaire P de la chaudière, en V le volant ; il commande aussi, par l'intermédiaire d'une roue d'angle, le *régulateur à boules*, qui ferme plus ou moins, à l'aide du levier M, la valve d'admission de la vapeur dans le conduit RA. — Z, boîte de distribution contenant le tiroir à coquilles, mis en mouvement par l'excentrique L. — D, tube de condensation, qui jette la vapeur dans l'atmosphère.

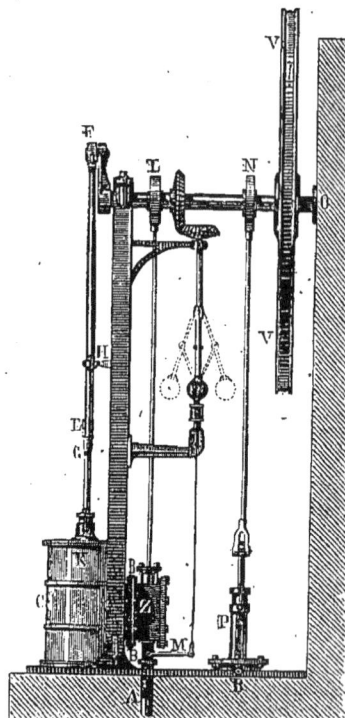

Fig. 24. — Machine verticale à action directe.

dans un sens, tantôt dans un sens contraire, et subit ainsi, pendant toute la marche, des chocs plus ou moins violents, qui peuvent la disloquer. Le constructeur doit prévoir ces effets et les corriger d'avance, en augmentant en proportion la résistance des pièces ; mais là encore on rencontre des difficultés à cause de la hauteur à laquelle la construction s'élève. Les machines à balancier sont, pour cette raison, propres seulement aux faibles vitesses ; si l'on augmentait graduellement le nombre de coups de piston par minute, on ne tarderait pas à fatiguer les attaches du balancier, puis à les briser, ce qui suffirait pour arrêter la marche de la machine.

La *machine à action directe*, dans laquelle on fait agir directement le piston sur une bielle qui commande l'arbre tournant, n'est pas assujettie à une limite de vitesse aussi basse. Il y en a plusieurs types. La figure 24 représente la machine verticale à action directe. La plupart des machines à action directe ont leur cylindre posé horizontalement (fig. 26), et leur arbre tournant est porté par des paliers attachés immédiatement à la plaque de fondation qui supporte toute la machine. Toutes les actions développées par le jeu des organes mobiles sont équilibrées dans cette plaque même; et l'ensemble ne subit pas les efforts destructeurs qui se font sentir jusque dans les fondations des machines à balancier.

Il est certain que Watt connaissait ce type ; s'il ne l'a pas employé, c'est que, de son temps, la construction des cylindres était encore bien imparfaite, et qu'il redoutait l'usure inégale produite par le poids du piston sur la moitié inférieure du cylindre.

Enfin M. Cavé a diminué encore la place occupée par la machine, en créant un type à *cylindre oscillant* (fig. 25). La tige du piston sert de bielle, et s'attache directement au bouton de la manivelle de l'arbre tournant. Le cylindre participe à l'obliquité variable de la bielle. L'alimentation du cylindre et l'échappement se font par des conduits ménagés dans l'arbre autour duquel les oscillations s'effectuent. La boîte de distribution oscille avec le

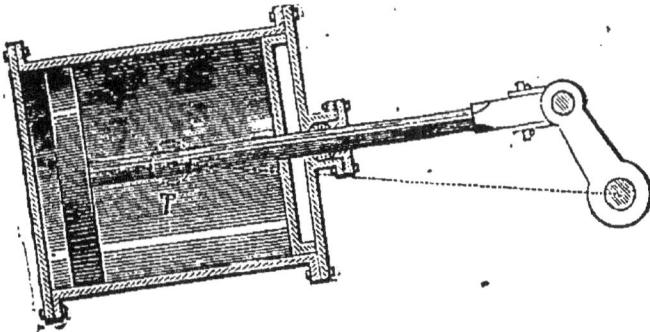

Fig. 25. — Machine oscillante.
T, tourillons autour desquels tourne le cylindre, pour suivre l'obliquité de la bielle.

cylindre; le tiroir reçoit son mouvement alternatif d'un excentrique calé sur l'arbre tournant, commandant un levier coudé par l'intermédiaire d'une bielle.

La régularisation de la marche de la machine peut se faire, avons-nous dit plus haut, en associant ensemble deux ou trois cylindres égaux. Si l'on emploie deux cylindres, les deux manivelles, sur lesquelles ils agissent respectivement, seront orientées de manière à faire entre elles un angle droit (fig. 27).

Si au lieu de deux cylindres on en place trois, on

Fig. 26. — Machine à action directe horizontale.

ferà faire aux trois manivelles des angles de cent vingt degrés (fig. 28).

D'après l'une ou l'autre de ces dispositions, l'action subie par l'arbre tournant varie peu dans l'intervalle d'un tour entier, et, chose importante, la machine n'a plus de *points morts*.

On appelle ainsi les positions dans lesquelles la

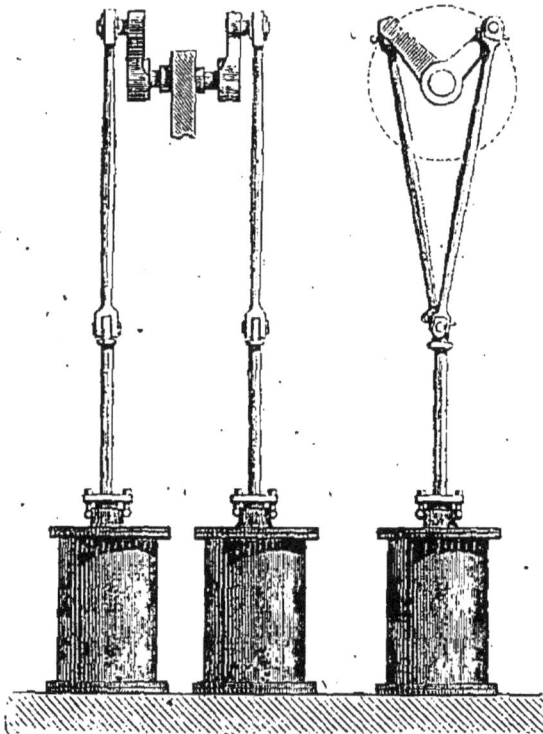

Fig. 27.

bielle et la manivelle sont en ligne droite; une traction ou une poussée exercée sur la bielle est alors sans effet pour faire tourner la manivelle; si la machine franchit lès points morts, c'est en vertu de l'inertie et de la *vitesse acquise*. La réunion de deux machines avec manivelles à angle droit, ou de trois

machines avec manivelles à cent vingt degrés les unes
par rapport aux autres, supprime les points morts,
puisque, quand la bielle et la manivelle sont en ligne
droite pour l'un des cylindres, les autres transmis-

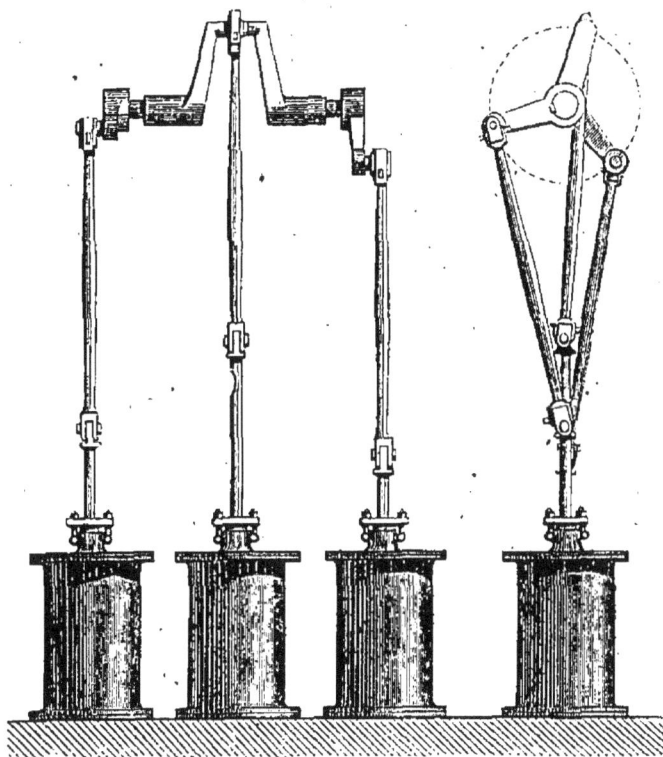

Fig. 28.

sions ne peuvent être dans une situation analogue,
et commandent le mouvement dans un sens parfaitement défini.

MACHINE DE CORNOUAILLES

La pompe à feu de Newcomen, perfectionnée par
Watt, est devenue la *machine de Cornouailles*, ainsi

nommée parce qu'elle a d'abord été employée pour le service des mines de cuivre et d'étain du comté de Cornouailles, en Angleterre. C'est une machine lente, à haute pression, à détente prolongée, douée d'une grande flexibilité d'allure, et consommant très-peu de charbon.

Voici comment on est arrivé à satisfaire à toutes ces conditions.

La machine comprend un cylindre vertical, dont le piston commande, au moyen d'une tige et d'un parallélogramme articulé, le mouvement d'un balancier. A l'autre extrémité du balancier est attachée une *poutrelle*, qui descend jusqu'au fond du puits de mine, et à laquelle sont attachées, à des intervalles égaux, les tiges des pompes d'épuisement. Chacune de ces pompes prend l'eau dans un réservoir où l'amène la pompe immédiatement inférieure, et la refoule dans un autre réservoir, où elle est reprise par la pompe placée immédiatement au-dessus. A chaque coup de piston, toutes les pompes fonctionnent à la fois, et font monter une même quantité d'eau d'un réservoir à l'autre. La hauteur totale à franchir est ainsi fractionnée par étages, et le travail des pompes en est simplifié.

Le cylindre moteur est à simple effet; la distribution de la vapeur s'y fait au moyen de trois soupapes, mises en mouvement aux instants convenables par la machine elle-même. Ces trois soupapes ont reçu les noms de *soupape d'introduction, soupape d'équilibre, soupape d'éduction* ou *d'échappement*.

La première ouvre la communication entre le dessus du piston et la chaudière ; la seconde fait communiquer l'une avec l'autre les deux faces du piston, et produit l'égalité des pressions de la vapeur dans les deux parties du cylindre ; enfin la troisième ouvre à la vapeur qui remplit le cylindre, de part et d'autre du piston, une issue vers le condenseur.

Le piston moteur étant au plus haut point de sa course, supposons qu'on ferme la soupape d'équilibre et qu'on lève les soupapes d'introduction et d'échappement. La face supérieure du piston sera pressée de haut en bas par la vapeur de la chaudière, pendant que la face inférieure ne subit que la contre-pression du condenseur. Le piston va donc descendre. Pour produire la détente, on n'aura qu'à fermer la soupape d'introduction avant qu'il soit arrivé au bas de sa course, sans toucher d'ailleurs aux deux autres soupapes. Si l'on veut obtenir une détente prolongée, on fermera, par exemple, la soupape d'introduction au dixième, au douzième, au quinzième de la course. Voilà la descente du piston moteur assurée ; elle produit la course montante de tous les pistons des pompes.

Une fois cette partie du trajet du piston accomplie, il s'agit de ramener le piston moteur à sa position première, en lui faisant parcourir le cylindre de bas en haut. Pour cela, on ferme la soupape d'échappement et on ouvre la soupape d'équilibre. Aussitôt la vapeur, qui était emprisonnée au-dessus du piston, se répand au-dessous, et les pressions s'égalisent sur les deux faces. Le piston se trouvant équilibré, le poids de la poutrelle et de tout l'attirail des

pompes, qui agit à l'autre bout du balancier, suffit
pour l'enlever et pour lui faire parcourir en sens
inverse le chemin qu'il vient de décrire sous la
poussée de la vapeur. On voit que la machine est
bien à simple effet; car la vapeur n'a d'action motrice que dans la course descendante; pendant le retour ascendant du piston, la vapeur s'écoule d'une
face à l'autre, sans agir comme puissance.

Enfin, quand le piston est revenu à sa position
première, la soupape d'éduction s'ouvre et laisse
échapper vers le condenseur toute la vapeur contenue dans le cylindre; puis la soupape d'équilibre,
en se refermant, intercepte la communication entre
les deux régions du cylindre séparées par le piston,
et tout est prêt pour une seconde pulsation de la
machine.

Dans les machines de rotation, le piston moteur
est arrêté, aux deux bouts de la course, par sa liaison
avec la manivelle de l'arbre tournant, et il n'y a pas
à craindre qu'il aille frapper violemment les cou-
vercles du cylindre. Il n'en est pas de même dans la
machine à poutrelle, et si l'on n'y prenait pas garde,
il y aurait, à chaque oscillation complète, un choc
brusque du piston principal contre les fonds du
cylindre où il se meut. Cette action répétée détrui-
rait bien vite le cylindre; il importe de l'éviter. On y
parvient facilement pour le couvercle inférieur,
parce que le piston, quand il parvient à cette extrémité de sa course, ne subit plus que la pression de
la vapeur très-détendue, et se trouve retardé d'ailleurs par le travail résistant des pompes. Pour éviter

toute chance de choc, il suffit d'ouvrir un peu
plus tôt la soupape d'équilibre, ce qui supprime
l'action motrice, et la remplace par une légère action résistante. Mais la course ascendante dans laquelle le piston, équilibré sur ses deux faces, est
enlevé par un contre-poids, se terminerait par un
choc d'une extrême violence contre le couvercle supérieur du cylindre, si l'on n'avait soin de faire
porter le bout du balancier sur un matelas élastique
formé de pièces de charpente, qui arrêtent la course
en subissant une certaine flexion. Il y aurait bien
un moyen d'éviter le choc sans recourir à cette action étrangère ; il suffirait d'ouvrir la soupape d'introduction un peu avant l'arrivée du piston à son
point le plus haut ; grâce à cette *admission anticipée*,
le piston trouverait dans la vapeur elle-même un matelas élastique propre à réduire graduellement sa vitesse et à éviter le choc. On emploie cette disposition
dans les machines à grande vitesse ; mais elle conduit
à précipiter les coups de piston, et elle ferait perdre
ainsi à la machine de Cornouailles une de ses plus
précieuses propriétés, celle qui permet d'espacer à
volonté les coups de piston et de proportionner
exactement le travail des pompes à la quantité d'eau
qu'elles doivent retirer de la mine.

Le mouvement de la machine de Cornouailles consiste, en effet, en une série de coups de piston
séparés les uns des autres par des repos dont on
règle à volonté la durée. La discontinuité d'une telle
allure entraîne une difficulté pour le jeu des soupapes. En général, le mouvement des appareils de

distribution est emprunté à la machine elle-même ;
mais cela suppose qu'à chaque instant on puisse y
trouver des organes en mouvement. Il en est toujours ainsi, dans les machines de rotation, car le
mouvement de l'arbre tournant est continu ; aussi
est-ce sur cet arbre qu'on cale l'excentrique destiné
à manœuvrer le tiroir. Il en est encore de même,
dans la machine de Cornouailles, pour la soupape
d'équilibre, qui doit s'ouvrir quand le piston moteur
atteint l'extrémité inférieure de sa course ; mais une
fois le piston revenu à sa position supérieure, une
fois la soupape d'équilibre fermée et la soupape d'é-
chappement ouverte, lorsqu'il s'agit, au bout d'un
arrêt plus ou moins long, de donner un nouveau
coup de piston, et pour cela de faire lever la soupape
d'introduction, la machine serait impuissante à exécuter ce mouvement d'elle-même, si toutes ses parties étaient, comme il semble, rentrées dans le
repos. Voici par quel artifice on a tourné la difficulté.

La *cataracte* (fig. 29) comprend une bâche A, remplie d'eau, dans laquelle est placée une pompe à piston
plongeur *p* ; le corps de pompe est percé de deux orifices, garnis, l'un *s*, d'une soupape qui s'ouvre de dehors en dedans, l'autre *s'*, d'un robinet dont on peut
régler à volonté l'ouverture, au moyen de la tringle *tt*.
La pompe est attachée à un mât MO, auquel est
fixé le guide de la tige de son piston. Cette tige s'attache à un levier BB', mobile autour du point O, et portant par un bout un contre-poids P, par l'autre bout
une chaine C, qui s'enroule sur la poulie *q*. Un bras

IK fait corps avec la poulie, et sert à la faire tourner;
ce mouvement est produit par le jeu même de la machine; lorsque la poutrelle TT, qui commande la
pompe à air, accomplit sa course descendante, elle
appuie sur le bras IK, par l'intermédiaire du galet u,

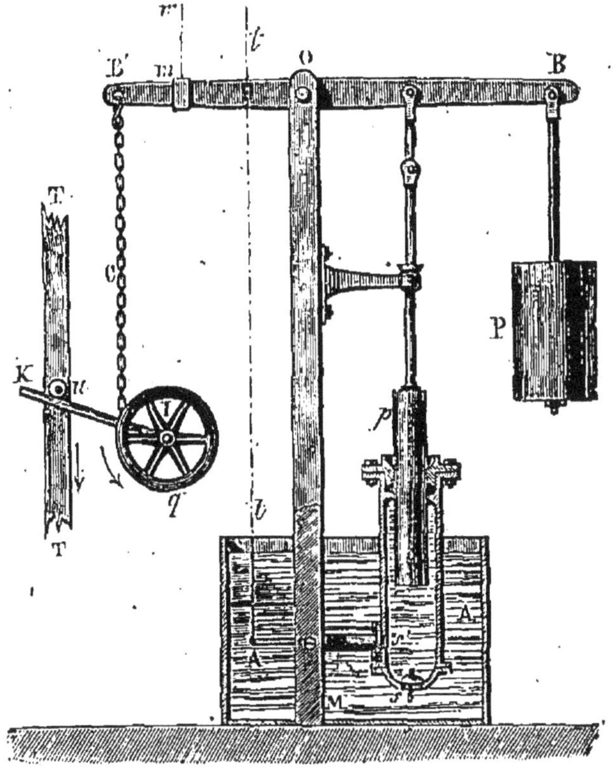

Fig. 29. — Cataracte.

et imprime à la poulie q un mouvement de rotation
qui enroule autour d'elle une certaine longueur de
chaîne, et qui fait basculer le levier B'B. Le piston P,
en s'élevant, aspire l'eau de la bâche par les deux ou-
vertures s et s'; ces mouvements s'accomplissent pendant l'admission de la vapeur et la course descen-

dante du piston moteur. Alors la tige TT cessant de presser le bras IK, le contre-poids P entraîne le levier BB' en sens inverse, et l'eau introduite dans le corps de pompe est refoulée dans la bâche ; mais la soupape s s'étant fermée, l'eau ne peut passer que par l'ouverture s', et la durée de l'écoulement, ou, ce qui revient au même, la durée de la descente du piston p, peut être prolongée autant qu'on le voudra, en étranglant suffisamment cet orifice. Le levier BB' porte une tringle mm, réglée de telle sorte qu'elle ouvre la soupape d'admission en arrivant au haut de sa course ascendante. On voit donc qu'en ménageant convenablement l'ouverture du robinet, on peut *prolonger le mouvement de la cataracte* au delà du mouvement de la machine proprement dite, et retarder l'ouverture de la soupape d'admission.

Chaque jour, on ouvre ou on ferme plus ou moins le robinet de la cataracte, on déplace le galet sur la poutrelle TT, et on règle ainsi le nombre des coups de piston que la machine doit donner par minute, d'après la quantité d'eau à élever, quantité très-variable d'une saison à l'autre. Aucune machine n'a autant d'élasticité. La supériorité des machines de Cornouailles tient à cette extrême flexibilité de mouvement, à l'excellente forme donnée aux soupapes, à la haute pression sous laquelle est employée la vapeur, à la détente prolongée qu'elle prend dans le cylindre, et enfin, il faut l'avouer, à la qualité exceptionnelle du charbon qu'on brûle dans les foyers. Les mines de Cornouailles sont très-éloignées des districts houillers de l'Angleterre, et les frais de trans-

port s'ajoutant au prix du charbon sur le carreau de
la mine, font préférer les meilleurs charbons aux
médiocres. En résumé, les machines de Cornouailles
consomment à peine 1 kilogramme de charbon par
heure et par cheval, tandis que les meilleures machines à vapeur en brûlent 2, et quelquefois 5.

APPLICATION DE LA MACHINE A VAPEUR A LA LOCOMOTION

La machine à vapeur peut se prêter à toute espèce
de travaux; la plus remarquable application qu'on en
ait faite est celle qui a pour objet la locomotion sur
l'eau ou sur terre, et qui a produit le *bateau à vapeur*
et la *locomotive*.

Après l'essai de Papin sur le Weser, essai que la mal-
veillance des bateliers ne permit pas de pousser jusqu'au bout, après quelques essais également infruc-
tueux, répétés à plusieurs reprises en Angleterre, le
bateau à vapeur a été définitivement créé, en 1803,
par l'Américain Fulton. A cette époque, Fulton vint en
Europe et proposa au Premier consul, alors occupé
de son projet de descente en Angleterre, d'employer
des bateaux à vapeur pour traverser le détroit. Cette
proposition fut mal accueillie ; mais, pour être juste,
on ne doit pas accuser le gouvernement français
d'avoir repoussé une idée aussi nouvelle, et d'avoir
refusé de confier le succès d'une opération militaire
à un système sur la valeur duquel on n'avait encore
aucun renseignement positif. L'état de l'industrie, en
France, n'aurait pas permis, au surplus, de construire
à bref délai la quantité de bâtiments à vapeur néces-

A, tuyau qui amène la vapeur de la chaudière. — S, boîte de distribution et tiroir. — B, tête de la tige du piston, traversée par une *potence*, qui commande la double tige pendante BH; la tige du piston est soutenue latéralement par un parallélogramme articulé, BC. — HH', double balancier, manœuvré à un bout par les tiges pendantes BH, et transmettant à l'autre bout le mouvement à l'arbre tournant, par l'intermédiaire de la bielle IK et de la manivelle

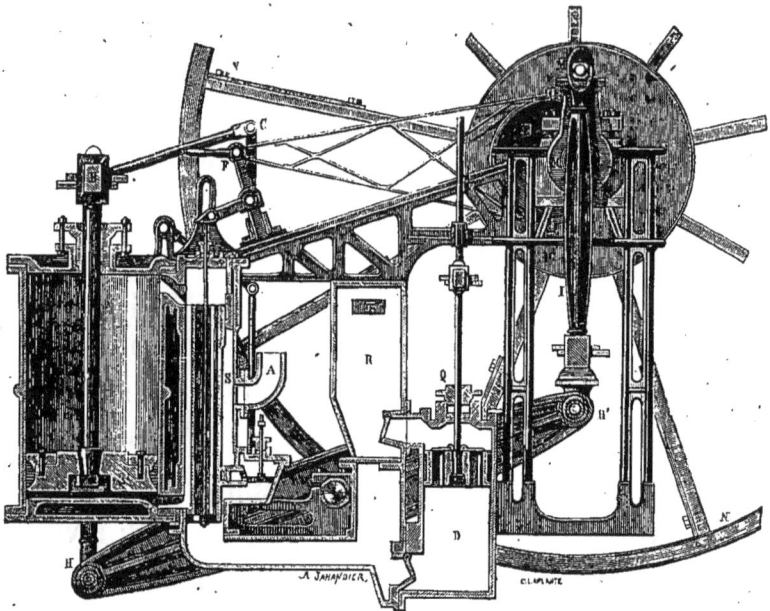

Fig. 30. — Machine de bateau à vapeur.

M'M. — E, excentrique qui commande, par l'intermédiaire du levier coudé F, le mouvement du tiroir. — N, l'une des deux roues extérieures au bateau, sur lesquelles sont fixées les palettes qui frappent l'eau. — Q, pompe mise en mouvement par une potence, commandée par le double balancier. — D, condenseur. — R, bâche où la pompe Q refoule l'eau de condensation. — T, origine d'un conduit qui ramène cette eau dans la chaudière.

saires à l'embarquement de toute l'armée réunie au camp de Boulogne.

Repoussé de France pour ces motifs sans réplique, Fulton retourna en Amérique, où il établit, vers 1807, la première ligne régulière de bateaux à vapeur entre New-York et Albany. Pas plus là qu'en France, la nouvelle invention ne fut à l'abri de rudes épreuves; elle finit par en sortir victorieuse. Depuis, la navigation à vapeur n'a cessé de se développer sur les rivières, sur les fleuves, sur les lacs et sur les mers. Le premier type de machine appliqué à la propulsion des bâtiments a été la machine de Watt à basse pression, avec une disposition particulière, qui consiste à placer le balancier au-dessous et non au-dessus du cylindre moteur, pour ne pas nuire à la stabilité du bateau (fig. 30).

L'augmentation toujours croissante des dimensions des bateaux à vapeur permet aujourd'hui d'employer, pour la navigation fluviale, la machine à balancier sans ce renversement des pièces. C'est en Amérique que cette modification a été introduite. Le balancier reste au-dessus des cylindres; seulement, pour qu'il soit moins lourd, on le fait en charpente, au lieu d'y employer la fonte. Le nouveau type américain laisse ainsi apercevoir au-dessus du pont une grosse poutre armée, qui reçoit de la machine son mouvement d'oscillation[1].

Ces machines impriment un mouvement de rotation continu à un arbre tournant, qui porte une dou-

---

[1] Voy. fig. 24 de *l'Art naval*, p. 144.

ble roue à palettes, montée sur les flancs du bâtiment,
et qui, rejetant l'eau en arrière, produit un effet semblable à celui des rames.

On emploie beaucoup aujourd'hui, surtout dans la
marine militaire, un autre appareil de propulsion,
l'*hélice* (fig. 31). C'est un fragment de surface de vis
dont l'axe est fixé à l'arrière du bâtiment en prolongement de sa grande dimension. La rotation impri-
mée à cette surface donne à l'eau qu'elle rencon-

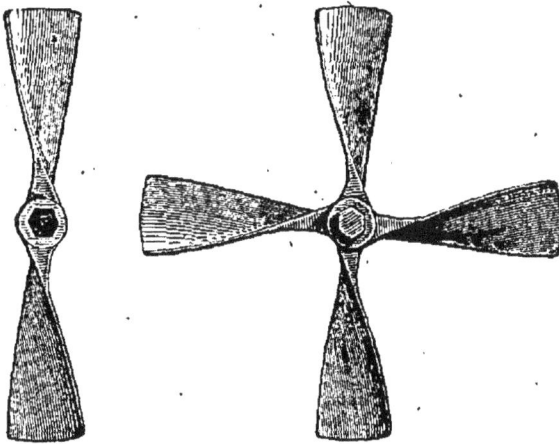

Fig. 31. — Hélices propulsives.

tre, en sens contraire de la marche, un mouvement
général qui ne peut se produire sans communiquer
au bâtiment un mouvement dans le sens direct. L'effet obtenu a une certaine analogie avec celui de la
rame dans le travail de la *godille* (fig. 32).

L'avantage de l'hélice sur les palettes est de soustraire, en l'enfonçant dans l'eau, l'appareil propul-
seur aux coups de l'ennemi, de rendre la propulsion
indifférente à l'action du roulis, enfin d'admettre
une plus grande longueur pour les bâtiments, sans

les rendre moins sensibles à l'action du gouvernail.
Car le gouvernail, placé derrière l'hélice, se trouve

Fig. 52. — Matelot godillant.

constamment plongé dans le courant produit par le

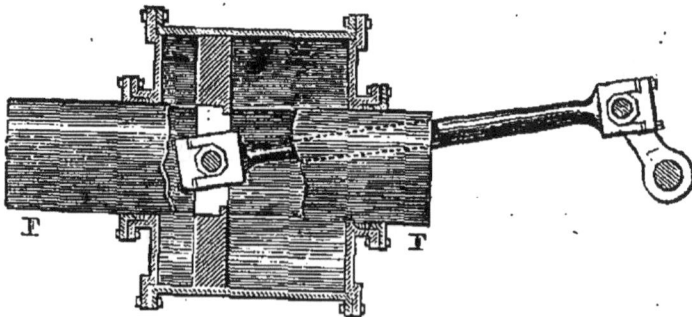

Fig. 53. — Machine à fourreau. — FF, fourreau.

jeu de l'appareil, ce qui augmente son action pour
faire tourner le navire. Malgré ces avantages, les pa-

lettes conservent leur supériorité pour les transports à grande vitesse.

La machine à vapeur qui donne le mouvement à l'hélice doit être placée à angle droit sur l'axe du navire, et son piston est appelé à agir dans le sens de la plus étroite dimension du bâtiment : de là, des dispositions particulières à prendre pour raccourcir la machine. Les principaux types adoptés à cet effet, sont, avec la *machine oscillante* que nous avons déjà décrite (fig. 25), la *machine à fourreau* (fig. 35) et la machine à *bielle renversée* (fig. 34).

Dans la machine à fourreau, le cylindre moteur est traversé par un fourreau mobile, FF, au milieu duquel la bielle s'articule directement avec le piston. La largeur du fourreau doit être assez grande pour permettre à la bielle de prendre toute son obliquité.

La machine à bielle renversée, imaginée par M. Dupuy de Lôme, a donné les meilleurs résultats sur les navires de l'État.

L'idée d'appliquer la vapeur à la locomotion sur terre remonte aussi à Papin. Watt, en Angleterre, dès 1784, donna la description d'une machine propre à la traction sur les routes ; à peu près au même moment, Cugnot construisait en France une machine à vapeur routière, qui est déposée dans les galeries du Conservatoire des arts et métiers. Ces divers essais, et ceux qui suivirent immédiatement en Angleterre, ne réussirent pas complétement, et jusqu'ici la traction à vapeur sur route est restée à peu près à l'état de desideratum. Il n'en est pas de même de la

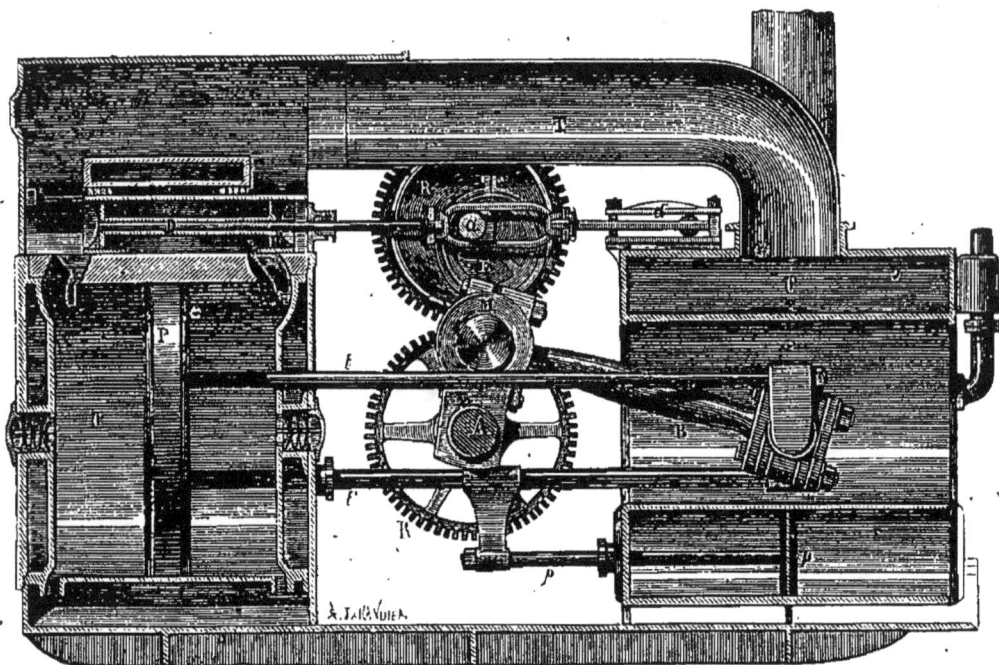

Fig. 54. — Machine à bielle renversée.

C, cylindre. — P, piston. — *ll'*, tiges qui transmettent le mouvement à la *bielle renversée* BM. — MA, manivelle qui met en mouvement la roue dentée R. — R', seconde roue dentée, mise en mouvement par la roue R. C'est la roue R' qui transmet le mouvement à l'arbre de l'hélice, au moyen d'un mécanisme qui permet d'en changer le sens à volonté. — E, excentrique de la distribution. — D, tiroir. — T, conduit du condenseur. — *pp*, pompe alimentaire.

-traction sur voie ferrée. Ici le progrès a été très-rapide. Les premiers essais eurent lieu sur les chemins de fer des mines de houille de l'Angleterre. Dès machines à vapeur encore bien imparfaites, marchant lentement et remorquant un convoi peu chargé, suppléaient à la traction par chevaux pour amener les charbons du district de Newcastle aux ports d'embarquement. Le nom de George Stephenson figure dans l'histoire des premiers perfectionnements de la machine prise à cet état primitif.

Une invention française vint ouvrir aux locomotives et aux machines à vapeur un nouvel horizon. Marc Séguin, l'aîné d'une famille d'ingénieurs qui a acquis une grande réputation dans l'industrie, imagina, en 1828, les *chaudières tubulaires* qui, faisant passer la fumée et les gaz de la combustion par une multitude de tuyaux métalliques, baignés extérieurement par le liquide de la chaudière, produisent en peu de temps une énorme quantité de vapeur. Cette production rapide est une des conditions de la vitesse de la marche de la machine. Car il est essentiel pour l'entretien de l'effort de traction, que la chaudière fournisse autant de vapeur que les cylindres en dépensent dans les coups précipités des pistons.

La locomotive ne peut porter avec elle une grande quantité d'eau froide pour opérer la condensation. Aussi a-t-on renoncé tout d'abord à condenser la vapeur dans une enceinte à basse température, et la laisse-t-on échapper librement dans l'atmosphère. Ce mode de condensation suppose l'emploi de la vapeur à une haute pression, c'est-à-dire à une haute tem-

pérature. On a trouvé un grand avantage à ouvrir à
la vapeur une issue dans la cheminée du foyer,
car son passage augmente le tirage. La vitesse de
la machine contribue ainsi, dans une certaine mesure, à activer le feu et à entretenir la production de
vapeur.

La première locomotive appliquée à la traction des
voyageurs est *la Fusée* (the Rocket), présentée par
Robert Stephenson au concours de Manchester, le
1er octobre 1829. On venait d'établir un chemin de fer
entre Manchester et Liverpool, et l'on voulait que
cette nouvelle voie servît non-seulement aux marchandises, mais encore aux personnes. Après quelques hésitations, pendant lesquelles on proposa d'en
revenir à la traction à l'aide de chevaux, puis d'employer des câbles et des machines fixes, les ingénieurs
du chemin, séduits par les promesses de Robert
Stephenson et de M. Locke, qui plaidaient chaleureu-
sement la cause des locomotives, ouvrirent un concours entre les différents types de machines. Les conditions principales étaient ainsi fixées : la locomotive
devait peser moins de 6 tonnes ; la hauteur de sa cheminée ne devait pas dépasser 15 pieds anglais ; elle
devait être capable de traîner un convoi de 20 tonnes,
non compris ses approvisionnements, avec une vitesse
de 10 milles anglais ou 16 kilomètres à l'heure ; enfin,
son prix était limité à 500 livres sterling ou à
12,500 francs. Les autres conditions du concours
fixaient différents détails, tels que la limite de la pression, et diverses mesures de sûreté ; le cahier des
charges exigeait de plus que la machine brûlât sa

fumée, condition qu'on répète encore aujourd'hui dans tous les marchés, et qui est loin d'être satisfaite dans la pratique courante des chemins de fer.

Cinq locomotives furent présentées au concours, mais deux d'entre elles furent retirées presque immédiatement par leurs constructeurs. Le concours restait ouvert entre *la Fusée* de Robert Stephenson et deux autres machines, *la Nouveauté* et *la Sans-Pareille*.

La Sans-Pareille éprouva, dès ses premiers pas, des avaries qui ne lui permirent pas de continuer sa route; la pompe d'alimentation n'ayant pas fonctionné, la chaleur du foyer fit fondre un rivet de sûreté ménagé dans la paroi de la chaudière, et le feu s'éteignit. Les constructeurs de *la Nouveauté*, jaloux de justifier le nom qu'ils avaient donné à la machine, avaient abusé des innovations. La machine, une fois en marche, subit une série d'accidents qui la mirent promptement hors de service. *La Fusée* resta donc seule et eut un plein succès. Elle traîna un convoi de 12 tonnes à la vitesse de 14 milles à l'heure; détachée du convoi, elle éleva sa vitesse jusqu'à près de 18 milles. Comment Stephenson était-il parvenu à réaliser ces vitesses, supérieures à celle du meilleur cheval de trait? C'est en appliquant à la locomotive la chaudière tubulaire de Marc Séguin. La quantité de vapeur produite dans une heure par une chaudière est proportionnelle à sa *surface de chauffe*. Les chaudières tubulaires ont, à volume égal, une surface de chauffe de beaucoup supérieure à celles des chaudières ordinaires; elles produisent, par conséquent, incomparablement plus de vapeur dans le même

temps, et peuvent suffire à la dépense de vapeur opé-
rée par les cylindres dans la marche à grande vitesse.

Tel est le point de départ des locomotives moder-
nés. On les a perfectionnées, depuis Stephenson, en
augmentant leur poids et leur puissance, mais, dans
leurs traits généraux, elles ne sont que la reproduc-
tion amplifiée de *la Fusée* de 1829. Aujourd'hui, le
poids des machines a été porté, de 4 tonnes à 20, à
30, à 40 tonnes même pour certains types spéciaux ;
la vitesse est poussée parfois jusqu'à 100 kilomètres
à l'heure. On connaît les formes et les dimensions
qu'il faut adopter pour les *machines à voyageurs*, qui
traînent des poids légers et leur impriment une vitesse
très-considérable, et pour les *machines à marchandises*,
qui traînent de lourds convois à vitesse faible. En général, les premières ont de grandes roues motrices et
des cylindres de capacité restreinte ; les secondes, de
gros cylindres et de petites roues. Enfin, on a créé
des types propres à gravir de fortes inclinaisons, et
grâce auxquels le chemin de fer, né en pays de plaine,
a pu pénétrer dans les pays les plus montagneux[1].

Deux idées nouvelles ont complété de nos jours
la locomotive : l'une est l'alimentation à l'aide de
l'*injecteur Giffard* ; l'autre, l'emploi de la contre-
vapeur et la transformation de la locomotive en
un moyen d'arrêt ou de ralentissement, par les
procédés de MM. Le Chatelier et Ricour. Nous
ne pouvons décrire en détail ces perfectionnements.

---

[1] Voy. *les Chemins de fer*, d'Amédée Guillemin.

Ici où il n'est question que des moteurs, nous nous bornerons à remarquer que les améliorations successives de la locomotive ont rejailli sur les machines fixes : on leur imprime aujourd'hui des vitesses beaucoup plus grandes que celles auxquelles Watt avait cru devoir s'arrêter; les chaudières produisent beaucoup plus de vapeur, et les progrès les plus récents tendent à leur en faire produire encore davantage. C'est ainsi, par exemple, que les *chaudières verticales*, sorte d'application en grand du *Samovar* russe, donnent une ébullition presque instantanée, et fournissent aux machines, à volume égal, une alimentation plus abondante que les chaudières horizontales longtemps employées exclusivement dans l'industrie.

La machine à vapeur est, sans contredit, la plus parfaite des machines thermiques; mais la théorie et la pratique s'accordent à indiquer qu'il reste encore de nombreux perfectionnements à y introduire. Ces perfectionnements se résument en deux points : 1° élever la température et la pression de la vapeur dans la chaudière; 2° réduire les pertes de chaleur pour rapprocher le jeu de la machine de la marche théorique connue en mécanique sous le nom de *cycle de Carnot*. La théorie montre que le travail de la machine, supposée parfaite, dépend des températures de la chaudière et du milieu où s'opère la condensation; elle montre aussi que le travail produit est indépendant de la nature du corps qui subit ces variations de température; de sorte qu'à part les considérations pratiques qui peuvent conduire à préférer tel corps à tel autre dans certaines circonstances particulières, il est indifférent, au point de vue du travail à produire, d'agir sur l'eau, sur l'air, sur le chloroforme, ou sur tout autre corps. Le vrai caractère de la chaleur, comme puissance motrice, se révèle par ce principe. Quand un corps pesant part d'un point pour aboutir à un autre situé plus bas, la pesanteur produit toujours le même travail, quelle que soit la nature du corps qui tombe, et quelle que soit la ligne qu'il ait parcourue : ce travail ne dépend que du poids du corps et de la hauteur de chute. De même, le travail dans les machines thermiques dépend de la quantité de chaleur produite, et de la *chute de chaleur*, mais ne dépend en aucune façon du corps qui reçoit cette chaleur en dépôt.

MACHINE A AIR CHAUD

Si telle est la loi qui régit le travail des machines thermiques, rien n'empêche d'employer comme fluide moteur un autre corps que la vapeur d'eau. On a d'abord essayé des machines *à vapeurs combinées*, dans lesquelles on admettait concurremment la vapeur d'eau et le chloroforme ou l'éther. La machine *du Tremblay*, essayée il y a une vingtaine d'années à Marseille, en est un exemple. On y utilisait la vapeur d'eau sortant encore chaude du cylindre moteur pour vaporiser du chloroforme, qu'on faisait agir sur le piston d'un second cylindre, dont le travail s'ajoutait à celui du premier. La théorie ne permet plus d'attribuer à cette disposition aucune supériorité sur l'emploi pur et simple de la vapeur d'eau entre les mêmes températures extrêmes.

On a aussi essayé, et cet essai a mieux réussi, de substituer l'air à la vapeur d'eau pour mettre en mouvement un piston dans un cylindre. La première machine de grande dimension qui ait fonctionné ainsi est celle du capitaine Ericsson. Elle comprenait un foyer, et par-dessus un grand cylindre, dans lequel on laissait entrer un certain volume d'air; cet air s'échauffait très-rapidement, augmentait de pression et chassait le piston, d'abord à pleine pression, puis avec une détente graduelle. Une fois le piston parvenu au bout de sa course, on ouvrait une issue vers l'extérieur à l'air du cylindre; mais, comme il était encore très-chaud, on le faisait passer à travers une boîte contenant un grand nombre de toiles métalliques, qui retenaient au passage une partie de cette chaleur, et qui la cédaient ensuite à l'air froid admis dans le cylindre au coup de piston suivant. Ces toiles portaient le nom de *régénérateur*. M. Ericsson employait une partie du travail de la machine à comprimer l'air dans un réservoir à 1 atmosphère et demie environ, et c'est ce réservoir qui fournissait l'air au cylindre moteur.

Bien que cette belle machine ait très-bien fonctionné, elle n'a pas pénétré dans les usages industriels. La construction en était assez délicate. De plus elle avait le défaut d'être très-encombrante. La machine du capitaine Ericsson demandait au moins deux cylindres à simple effet, de 4^m,26 de diamètre chacun; et pour assurer l'uniformité du mouvement, il en fallait non pas deux, mais quatre semblables. Il est peu d'établissements où l'on puisse s'accommoder d'une machine aussi volumineuse. Les autres types de machines à air chaud, celui de M. Franchot par exemple, sont, croyons-nous, restés à l'état de projet.

MOTEUR LENOIR

Si les machines à air chaud exigent beaucoup de

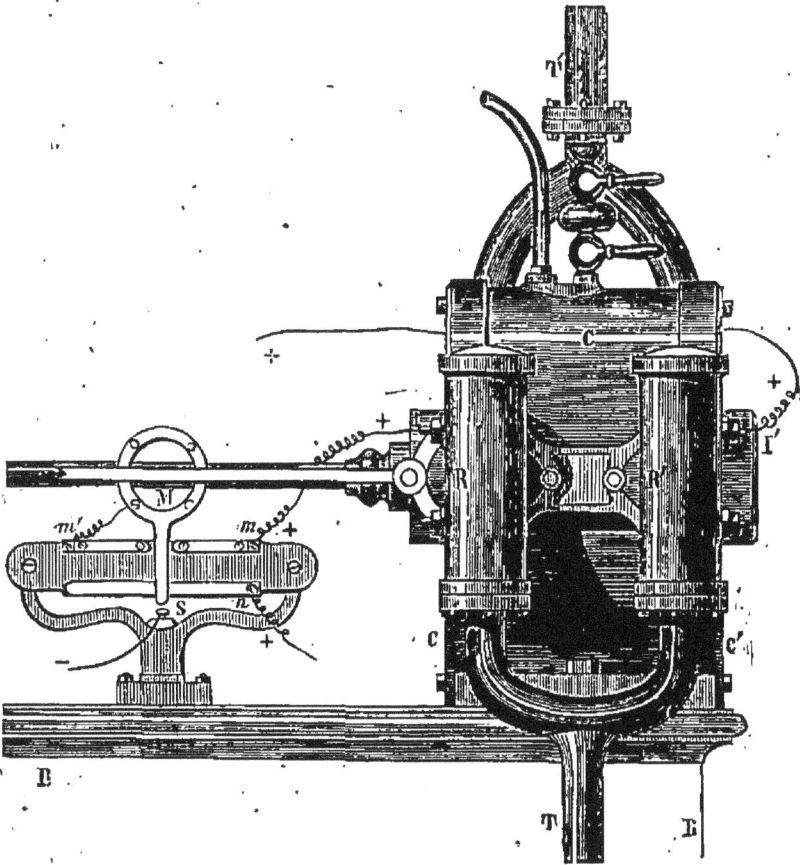

Fig. 55. — Moteur Lenoir. — Élévation.

place, ce qui en retarde l'emploi dans la plupart des

industries, le *moteur Lenoir* (fig. 35 et 36) réalise une machine qu'on peut faire fonctionner dans les plus petits ateliers; c'est une sorte de machine à vapeur sans chaudière qu'on alimente simplement avec le gaz d'éclairage. L'hydrogène carboné, fourni par le tuyau de gaz T, passe dans des réservoirs de distribution R, R′, et le jeu alternatif d'un tiroir, manœuvré par la tige X, lui ouvre l'entrée du cylindre moteur par les conduits *ab* ou *cd*. Le gaz, mé-

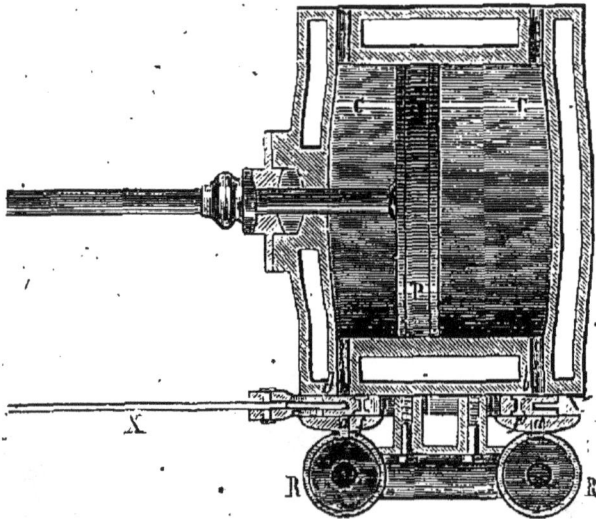

Fig. 36. — Moteur Lenoir. — Coupe horizontale.

langé à son passage avec une certaine quantité d'air, est traversé par une étincelle produite par un appareil d'induction de Ruhmkorff, entretenu en activité à l'aide d'une pile électrique. Sous cette influence l'hydrogène se combine à l'oxygène de l'air pour former de l'eau, et la température produite par la combinaison suffit pour dilater le reste du mélange gazeux : ce phénomène s'effectue successivement sur les deux faces du piston P, et produit son mouvement de va-et-vient. A chaque fois que le piston parvient au bout de sa course, le gaz qui vient d'agir s'échappe du cylindre par des orifices spéciaux, et passe dans le tuyau T' qui le verse dans l'atmosphère. Tout le mécanisme de la distribution se résume dans l'oscillation des tiroirs qui ouvrent ou ferment à tour de rôle les orifices du cylindre, et dans l'ouverture alternative des circuits qui font passer l'étincelle dans les appareils inflammateurs I et I'. C'est à ce dernier usage que sont destinées les barrettes n, m, m', sur lesquelles la pièce métallique M vient porter, suivant que le piston l'entraîne à gauche ou à droite.

Cette petite machine se place sur une table BB ; elle n'exige pour fonctionner qu'un jet de gaz, une pile et un appareil d'induction. Elle marche instantanément et s'arrête tout aussi aisément. C'est la machine des petits ateliers, appelée par conséquent à jouer un rôle moralisateur parmi les familles de la classe ouvrière.

Dans le *moteur Hugon*, l'étincelle électrique est remplacée par un petit jet de gaz enflammé, qui s'éteint et se rallume alternativement par le jeu même de la machine.

POUDRE A CANON

Les substances explosives rentrent dans la grande classe des moteurs thermiques. La poudre, mélange

intime de carbone, de soufre et de salpêtre, dans des
proportions qui peuvent varier légèrement suivant
les habitudes de la fabrication, est de toutes ces
substances la plus anciennement connue. Quand on
met le feu à un pareil mélange, il se fait une combinaison chimique des corps en présence; il y a production d'un énorme volume de gaz, et en même
temps, production d'une quantité de chaleur qui
échauffe les gaz et leur donne une pression très-considérable. Si l'expérience se fait en vase clos, la pression développée intérieurement fait généralement
éclater le vase; si une paroi seulement est mobile,
cette paroi est projetée au loin avec une grande
vitesse. C'est ce qui se passe dans les armes à feu.

On a découvert bien d'autres matières explosives;
mais toutes ne peuvent pas être employées comme
moteurs, parce qu'il en est de si instables qu'on ne
serait pas maître de les faire éclater à un moment
déterminé. Ainsi le *chlorure d'azote*, l'un des corps
les plus détonants que l'on connaisse, ne résiste pas
au plus petit choc, et se sépare avec explosion dès
qu'on le touche avec un corps solide. D'autres matières, sans être aussi instables, ont une déflagration
trop vive : telle est la *poudre-coton* ou *pyroxyle*, que
l'on obtient en trempant des ligneux dans l'acide azotique; c'est une poudre brisante, qui brûle assez rapidement pour qu'on puisse en placer une certaine
quantité sur une couche de poudre ordinaire, et y mettre le feu, sans que la combustion se communique de
l'une à l'autre. La *nitroglycérine*, qu'on prépare aussi
en faisant agir l'acide azotique sur la glycérine, est

encore plus brisante, et possède une instabilité qui
en fait généralement proscrire l'emploi. Mais, lorsqu'on la mélange à une matière inerte, telle que le
sable fin, elle se transforme en une substance beaucoup plus fixe, la *dynamite*, dont l'explosion ne
peut être provoquée que par la détonation d'un ful-
minate. Ces effets destructeurs peuvent être en bien
des cas utilisés par l'industrie. Malgré les découvertes de la chimie moderne, l'ancienne poudre à
canon est restée le seul moteur admis dans les armes
de chasse ou de guerre; elle doit cette préférence à
sa grande stabilité, qui en rend la manipulation peu
dangereuse, et à la durée de sa déflagration, qui n'est
pas assez rapide pour endommager sur-le-champ les
armes.

Les effets de ces substances explosives sont extrêmement bizarres, et semblent paradoxaux au premier
abord. Ainsi placez une petite quantité de poudre à
l'air libre, sur une table en bois, mettez le feu à la
poudre, vous n'obtiendrez qu'un jet de fumée. Ré-
pétez l'expérience en mettant sur la poudre une large
feuille de papier ou de carton, l'explosion disloquera
votre table.

Laissez un intervalle libre entre la charge de poudre et la bourre dans un fusil de chasse; le fusil
éclatera quand vous ferez partir le coup, et la bourre
ne sera pas chassée.

Dans un canon ouvert par les deux bouts, placez
un boulet en fonte, une charge de poudre derrière le
boulet, et derrière la poudre une bourre légère; le
coup part : le boulet est chassé à une grande dis-

tance en avant; la bourre vient tomber à quelques pas en arrière du canon.

Posez une bonbonne de poudre sur une roche sous-marine, par des profondeurs de 10 mètres d'eau, mettez-y le feu, vous ne verrez point de mouvement sensible se produire à la surface de l'eau; mais la roche se trouvera brisée en mille pièces.

On a essayé un *canon sans culasse*. Ce canon est ouvert aux deux bouts. A l'arrière, on le ferme avec deux bourres séparées l'une de l'autre par un matelas d'air de 1 mètre à peu près de longueur. Lorsque le coup part, l'ensemble des deux bourres reste immobile, et le canon ne subit aucun recul.

C'est à l'influence des milieux qu'il faut attribuer tous ces phénomènes; la résistance de l'air et des autres milieux dans lesquels les mouvements s'accomplissent s'exerce plus sensiblement sur les corps légers que sur les corps très-denses; d'ailleurs elle croît très-rapidement avec la vitesse relative du mobile. Dans ces conditions, un choc très-brusque au sein d'un fluide peut y produire une série d'ondes ou de mouvements vibratoires très-rapides, que l'œil de l'observateur n'aperçoit point, et qui dissimulent entièrement la violence des effets produits. En réalité, les couches successives du milieu reçoivent de l'impulsion qui les frappe des vitesses extrêmement grandes; mais ces vitesses se communiquent d'une couche à l'autre, comme dans la transmission du son, sans produire pour chacune d'elles autre chose que des déplacements extrêmement petits. C'est ainsi que les bourres du canon sans culasse conservent l'apparence de l'immobilité.

Plus l'action d'un fluide moteur est rapide, plus il faut apporter de soin à la fabrication de la machine sur laquelle il est appelé à agir. Ainsi les machines à vapeur exigent plus de perfection que les roues hydrauliques, et les armes à feu bien plus de perfection encore que les machines à vapeur. Une fissure, si petite qu'elle soit, est bientôt élargie par les gaz de la poudre au point de devenir dangereuse. Le métal du canon est assez vite attaqué, sous l'influence des vibrations excitées dans sa masse et de l'élévation des températures. Sa forme intérieure s'altère au bout d'un certain nombre de coups, et bientôt il faut rebuter la pièce. Si l'on additionne les durées successives du service actif d'une pièce d'artillerie, on est effrayé du peu de temps qu'on obtient pour cette somme. Un coup de canon est entièrement accompli en moins de 2 *millièmes* de seconde ; la pièce étant rebutée au bout de 3,000 coups, elle n'a réellement travaillé, quand elle est renvoyée aux ateliers de fabrication, que pendant 3,000 fois 2 millièmes de seconde ou pendant 6 secondes. Voilà la vraie durée du service actif d'une pièce d'artillerie. Si l'on songe que sur ces 3,000 coups, qui ont duré en tout 6 secondes, il y en a généralement plus des neuf dixièmes de perdus, on aura, à un point de vue restreint, une idée de la folie de la guerre.

Nous avons dit plus haut que la poudre donnait un procédé élégant pour le battage des pieux. Voici

comment l'appareil est alors disposé. Le pieu est coiffé
d'un tube, dans lequel un piston très-pesant peut
glisser à frottement doux. On place sur la tête du
pieu une cartouche de poudre blanche, c'est-à-dire
de poudre renfermant du chlorate de potasse au lieu
de salpêtre ; cette poudre détone sous le choc. On
laisse tomber le piston sur la cartouche qui prend
feu ; les gaz qu'elle produit relèvent aussitôt le piston
au plus haut point de sa course. Un mécanisme particulier ramène en même temps une nouvelle cartouche sur la tête du pieu ; le piston, en retombant, la
fait éclater, puis il est repoussé, et le mouvement se
continue ainsi sans interruption. A chaque coup,
le pieu s'enfonce d'une certaine quantité sous la pression des gaz de la poudre. Tout se passe comme dans
un canon où l'on mettrait une faible charge :
le piston remplace le boulet, et l'enfoncement
du pieu correspond au recul de la pièce. Chose remarquable, la tête du pieu n'est pas endommagée
par l'explosion, comme elle l'est par les chocs répétés
du mouton dans le battage ordinaire ; cela tient à
ce qu'elle subit simplement le contact d'une masse
gazeuse qui n'a aucune raideur, et qui se modèle
sans effort sur la forme du corps solide sur lequel
elle agit.

ÉLECTRICITÉ

L'électricité en mouvement doit être aujourd'hui
rangée au nombre des moteurs.

Notre intention n'est pas de développer ici ce

sujet, et nous renverrons à l'ouvrage de M. Baille,
qui fait partie de cette collection. Qu'il nous suffise de rappeler que l'électricité produite par la pile
peut être utilisée pour mettre en mouvement une
machine analogue à la machine à vapeur (machine
de M. Bourbouze[1]), ou bien pour transmettre des
signaux à des distances extrêmement grandes. L'électricité agit là comme moteur; car ce sont les attraction et les répulsions des courants sur l'aiguille aimantée ou sur d'autres courants, qui produisent ces petits
mouvements, ces impressions, ces bruits auxquels on
attache un sens conventionnel. C'est aussi l'électricité
qui sert soit à mettre le feu aux torpilles, soit à produire des étincelles plus utiles dans le moteur Lenoir. Dans ces derniers exemples, elle agit comme *détente*, et non comme moteur principal : tout est préparé
pour un certain effet; il n'y manque qu'un petit incident hors de proportion avec les suites qu'il pourra
entraîner; ce petit incident, c'est l'électricité qui le
fournit. On trouvera sans peine, dans le monde physique comme dans le monde moral, de nombreuses
analogies avec les phénomènes de détente. Ils se résument en un mot : la *cause* d'un phénomène doit
quelquefois être distinguée de *l'occasion* qui la révèle
et qui lui permet d'agir.

[1] *Électricité*, p. 204.

RÉSUMÉ

Si nous passons en revue les différents moteurs qui viennent d'être énumérés, nous serons frappés de l'importance du rôle de l'un d'eux, de la chaleur, et principalement de la chaleur solaire.

Les moteurs animés tirent leur puissance motrice des aliments qu'ils introduisent dans leur estomac, ou plutôt de la chaleur développée par la combustion de ces aliments dans les poumons. Ces aliments appartiennent eux-mêmes au règne végétal ou au règne animal; les animaux se nourrissent tous, directement ou indirectement, de végétaux; les végétaux puisent leur nourriture dans le sol et dans l'atmosphère, sous l'influence de la chaleur et de la lumière solaire.

Nous avons fait ressortir l'action incessante du soleil pour entretenir les chutes d'eau et les mouvements de l'atmosphère, utilisés comme moteurs par l'industrie.

D'où vient la chaleur qui se dégage sur les foyers de nos machines? Des combustibles végétaux que l'on y brûle. Or ces végétaux ne font que nous restituer la chaleur qu'ils ont reçue du soleil et qu'ils tiennent emmagasinée. La houille, à ce point de vue, n'est autre chose que de la chaleur solaire fixée depuis des siècles, et que la combustion fait reparaître; ce qui faisait dire à Stephenson : *Le soleil est le vrai moteur de nos locomotives*.

Le travail humain dépend donc à la fois des végétaux, qui peuvent nourrir l'homme et les animaux, et de la réserve de combustible qu'il peut trouver sur le globe.

Les houilles s'épuisent rapidement par l'emploi de plus en plus développé qu'en fait l'industrie. Que fera-t-on, une fois les houilles brûlées, ce qui sera l'affaire d'un ou deux siècles ? On emploiera d'autres combustibles : le pétrole par exemple ; d'ailleurs, la combustion de toutes les houilles enfouies dans le sein de la terre ne peut s'effectuer sans rendre à l'atmosphère tout l'acide carbonique que les anciens végétaux en ont extrait : or les végétaux modernes tendent comme les anciens à fixer cet acide carbonique, et reproduisent des combustibles comme dans les temps primitifs, pourvu toutefois que la chaleur du soleil ou de toute autre étoile ne vienne pas à leur faire défaut.

Mais laissons de côté ces questions d'avenir que l'imagination est toujours trop prompte à résoudre. Quelle conséquence actuelle et pratique, nous demanderons-nous, ressort de l'examen auquel nous venons de nous livrer ? La plus importante est assurément que le travail indéfini d'une machine exige l'intervention indéfiniment prolongée d'un moteur, de sorte qu'il serait tout à fait illusoire de chercher à construire des appareils possédant en eux-mêmes le principe de leur mouvement. L'observation des phénomènes naturels nous montre partout une série d'échanges entre divers éléments équivalents les uns aux autres : *travail mécanique, chaleur, force vive*; rien ne se perd, tout se transforme. La nature ne crée rien,

ne détruit rien, ni matière, ni mouvement. Quelle
n'est donc pas la vanité de ceux qui prétendent avoir
inventé une machine marchant indéfiniment par elle-
même? Pauvres gens, qui croient dérober au Créateur un pouvoir qu'il a refusé à la Nature, ils sont
généralement punis par la misère de leur orgueilleuse tentative. La plupart s'adressent alors au gouvernement, ils sollicitent quelque subvention pour
les encourager dans leurs recherches. Une telle
prière les condamne. L'inventeur du mouvement
perpétuel, avant d'être le bienfaiteur du genre humain, commencerait apparemment par s'enrichir
lui-même. Que n'exploite-t-il ses procédés? Ce serait
chose facile pour celui qui produit sans effort ce que
ses concurrents ne produisent qu'avec une certaine
peine. Or, bien loin de s'enrichir, les inventeurs de
mouvements perpétuels se ruinent, et eux-mêmes
fournissent une démonstration économique de la
vérité des principes qu'ils ont méconnus.

CHAPITRE II

DES TRANSFORMATIONS DE MOUVEMENT

Le *récepteur* prend, sous l'action de la puissance motrice et des résistances auxquelles il est soumis, un certain mouvement défini. Une chute d'eau, qu'on fait agir sur une roue ou sur une turbine, imprime à l'arbre de la roue ou de la turbine un mouvement de rotation; ou bien la vapeur donne au piston, mobile dans le cylindre, un mouvement de va-et-vient. Ces mouvements ne sont pas exactement ceux qui conviennent au travail qu'on demande aux machines-outils, et il est nécessaire, pour mettre en jeu ces derniers organes, de recourir à diverses transformations.

L'étude des transformations de mouvement forme un des chapitres les plus importants d'une science spéciale, intermédiaire entre la géométrie et la mécanique, la *cinématique*, dans laquelle on considère les mouvements des corps comme de simples déplacements de figures géométriques, indépendamment des forces qui les produisent et des masses qui les subissent. Nous n'avons pas à développer ici les principes de cette science ; nous nous contenterons de passer en revue quelques-unes des transformations de mouvement dont elle donne la théorie, en nous attachant surtout à celles qui sont le plus fréquemment employées.

Proposons-nous d'abord de transformer un mouvement de rotation autour d'un axe en un mouve-

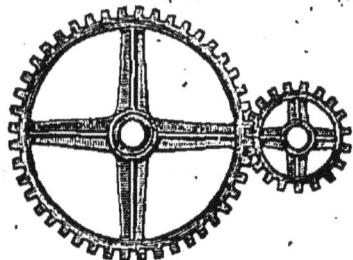

Fig. 37. — Roues dentées.

ment de rotation autour d'un autre axe. Pour cela, on peut user, suivant les cas, de différents moyens ; les principaux sont les *roues d'engrenages* et les *courroies*.

Tout le monde connaît les roues dentées (fig. 57).

Les *dents* de chaque roue font saillie sur la *circonférence primitive* de cette roue ; les *creux* sont découpés en dedans de cette même circonférence ; dans le mouvement commun des deux roues, les dents de l'une pénètrent dans les creux de l'autre, et réciproquement ; chaque dent de la *roue menante* pousse à son tour le profil conjugué de la *roue menée*. Un petit *jeu* est ménagé dans les creux de l'engrenage, de manière que jamais le contact ne puisse s'établir à la fois sur les deux faces opposées d'une même dent, sans quoi le frottement développé par ce double contact rendrait la transmission à peu près impossible. Pour une raison semblable, on donne aux dents

10

une faible longueur, sauf à en augmenter le nombre en conséquence ; autrement on donnerait lieu au phénomène connu sous le nom d'*arc-boutement*, et les dents des deux roues refuseraient d'une manière absolue de glisser l'une contre l'autre, quelque grand que fût l'effort appliqué à la roue menante.

Cette transmission déplace l'axe de rotation et modifie la grandeur de la vitesse. Rien n'est plus simple que de calculer le rapport des vitesses simultanées de deux arbres tournants qui engrènent l'un avec l'autre : il ne dépend que du nombre des dents de chaque roue. Supposons, par exemple, qu'une roue de 72 dents engrène avec une autre roue de 18. Chacune des 18 dents de la seconde roue venant successivement en prise avec une dent de la première, et chaque dent de la première occupant $\frac{1}{72}$ de sa circonférence, quand la seconde roue fait un tour entier, la première fait $\frac{18}{72}$ ou $\frac{1}{4}$ de tour, en d'autres termes, la première roue fait 1 tour quand la seconde en fait 4. La vitesse de rotation est donc quadruplée par l'engrenage. Si la roue menante portait 120 dents et la roue menée 48, la vitesse de rotation de la roue menée serait de même les $\frac{48}{120}$, ou les $\frac{2}{5}$ de la vitesse de rotation de la roue menante.

Les horloges offrent un exemple de cette transformation par un équipage de roues dentées. La figure 56 montre la disposition générale du mécanisme d'une ancienne horloge astronomique. Les engrenages y sont seulement indiqués par les circonférences qui servent de base à la denture.

La roue A est montée sur le même arbre que le tam-

bour sur lequel s'enroule la corde du poids moteur.
Elle engrène avec un *pignon*, ou petite roue *b*, qui
fait corps avec une grande roue B; la roue B engrène
avec un pignon *c*, qui fait corps avec la roue C;

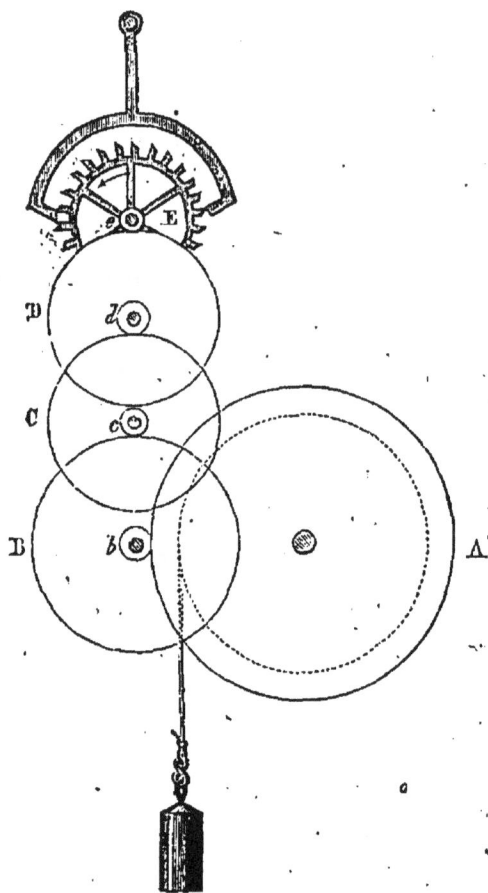

Fig. 38. — Équipage de roues dentées.

la roue C engrène avec le pignon *d*, qui fait corps
avec une roue D; enfin la roue D engrène avec
le pignon *e*, qui fait corps avec la roue d'échappement E; cette dernière roue a des dents d'une
forme particulière, destinées à s'engager périodique-

ment dans les pattes de l'*ancre* représentée au haut
de la figure, et qui subit les oscillations du balancier. On donne à ces roues et pignons les nombres de
dents suivants :

A, *roue de tambour*. . . . . . . 112 dents.
.b, *pignon de temps*. . . . . . 16 —
B, *roue de temps*. . . . . . . 106 —
c, *pignon de minutes*. . . . . 14 —
C, *roue de minutes*. . . . . . 96 —
d, *pignon de petite moyenne*. . 12 —
D, *roue petite moyenne*. . . . 90 —
e, *pignon d'échappement* . . . 12 —
E, *roue d'échappement* . . . . 30 —

La roue d'échappement, lorsque le pendule bat la
seconde, avance d'une dent en 2 secondes, et comme
elle a 30 dents, elle fait un tour entier en 30×2 ou
en 60 secondes, c'est-à-dire en 1 minute. Le pignon
d'échappement fait donc aussi un tour en 60 secondes; la roue petite moyenne, qui engrène avec
lui, a une vitesse de rotation égale aux $\frac{12}{90}$, ou aux
$\frac{2}{15}$ de la vitesse de la roue d'échappement. Elle fait
donc un tour en

$$60 \text{ secondes} \times \frac{15}{2}, \text{ ou en } 450 \text{ secondes, ou en } 7 \text{ m. } \tfrac{1}{2}.$$

La roue de minutes fait un tour entier en

$$7 \text{ m. } \tfrac{1}{2} \times \frac{96}{12}, \text{ ou } 60 \text{ minutes, ou } 1 \text{ heure.}$$

La roue de temps en

$$1 \text{ heure} \times \frac{106}{14}, \text{ ou } 7 \text{ h. } \tfrac{4}{7}.$$

La roue de tambour, en 53 heures.

L'horloge pourra marcher pendant un mois de 31 jours, ce qui équivaut à 744 heures, si la corde qui soutient le poids moteur fait, sur le tambour où elle est enroulée, un nombre de tours égal à

$\dfrac{744}{53}$, ou à un peu plus de 14 tours.

L'axe commun aux roues c et C porte l'aiguille des minutes, et traverse le centre du cadran. L'aiguille des heures est portée par un axe concentrique à l'axe des minutes ; elle reçoit son mouvement de la roue des minutes, au moyen d'un engrenage particulier. L'axe de la roue des minutes porte un *pignon de chaussée*, auquel on donne 8 dents ; ce pignon engrène avec une *roue de renvoi*, de 24 dents ; elle porte un *pignon de renvoi*, de 6 dents, qui engrène avec la *roue des heures* ou *roue de cadran*, portant 24 dents. Il en résulte que quand la roue des minutes fait un tour, la roue de renvoi fait $\frac{8}{24}$ ou $\frac{1}{3}$ de tour, et la roue de cadran fait $\frac{1}{3} \times \frac{6}{24}$ ou $\frac{1}{3} \times \frac{1}{4}$, ou enfin $\frac{1}{12}$ de tour. L'aiguille montée sur cette roue fait donc le tour du cadran en 12 fois plus de temps que la roue des minutes, c'est-à-dire en 12 heures.

Pour l'aiguille des secondes, elle est montée directement sur l'axe e de la roue d'échappement, et les secondes sont marquées sur un petit cadran spécial. Dans les horloges plus modernes, on ramène toutes les aiguilles à tourner autour du même centre, et on n'a besoin que d'un seul cadran pour les trois aiguilles.

La transmission par engrenage se prête à une

foule de combinaisons. Au lieu de faire engrener deux roues à axes parallèles, on peut faire engrener

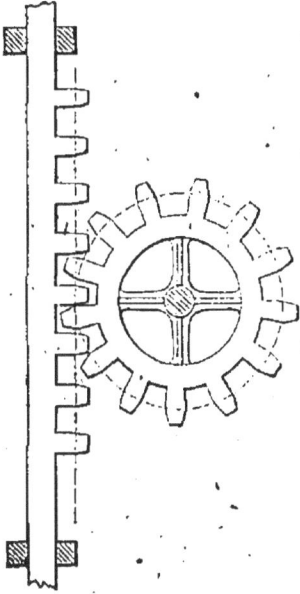

Fig. 59. — Crémaillère.

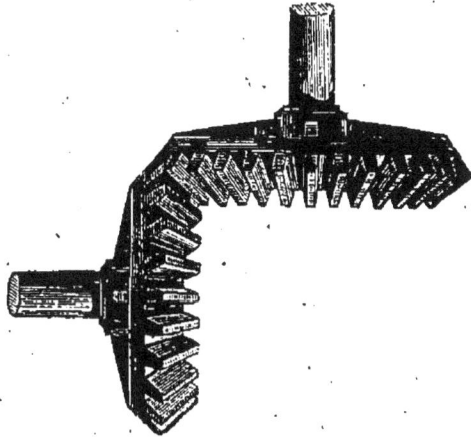

Fig. 40. — Roues d'angle.

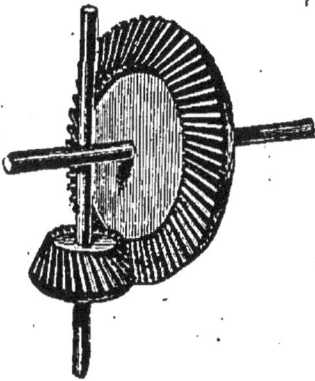

Fig. 41. — Engrenage hyperboloïde.

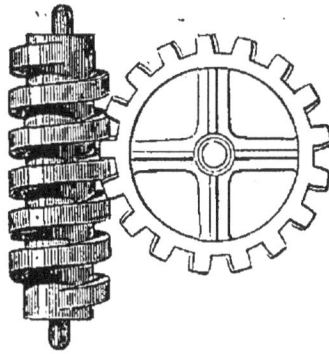

Fig. 42. — Vis sans fin.

une roue avec une droite qui la touche à un point ; on obtient alors la *crémaillère*, au moyen de laquelle on transforme un mouvement de rotation en un mouvement rectiligne (fig. 39). On peut aussi faire engrener deux roues à axes concourants, ce qui donne les *roues d'angles* (fig. 40), ou deux roues à axes non concourants, au moyen de l'*engrenage hyperboloïde* (fig. 41), ou de la *vis sans fin* (fig. 42), si les axes sont rectangulaires.

Certaines machines ne sont que des combinaisons d'engrenages. Tel est le *cric* (fig. 43), dont on se sert pour soulever de lourds fardeaux.

L'appareil se compose d'une manivelle, au moyen de laquelle l'ouvrier met en mouvement un premier pignon. Ce pignon engrène avec une roue dentée, qui porte un second pignon, lequel engrène avec une crémaillère découpée dans la tige à l'aide de

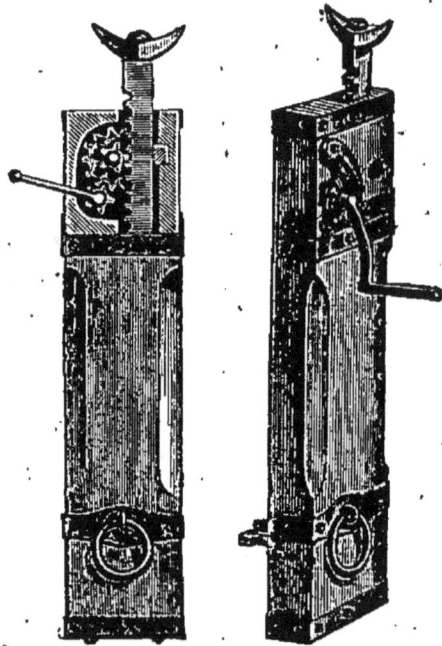

Fig. 43. — Cric.

laquelle on soulève le fardeau. Tout le mécanisme est placé dans une boîte creusée à l'intérieur d'une pièce de bois, et fermée par un couvercle. Des armatures en fer renforcent cette charpente et la rendent capable de résister à de grands efforts. A l'extérieur se trouve une *roue à rochet*, faisant corps avec la manivelle; c'est une roue dentée de forme spéciale, sur laquelle presse un *doigt* mobile autour d'un point solidement fixé sur la paroi de l'appareil ; ce doigt, quand il est abaissé, permet le mouvement de la manivelle dans un sens, mais empêche le mouve: ment dans le sens contraire ; de sorte que, dès qu'on a élevé la tige au haut de sa course, l'effort du far- deau pour la faire retomber est équilibré par la résistance du doigt. Veut-on au contraire faire des- cendre le fardeau, on lève le doigt pour le dégager de l'encliquetage, et aucun obstacle ne s'oppose plus au mouvement rétrograde de la crémaillère et des roues dentées.

L'avantage de cette combinaison d'engrenages est évident pour ceux qui connaissent une grande loi de la mécanique, la loi de *l'égalité entre le travail moteur et le travail résistant dans toute machine en équilibre.* Supposons, pour fixer les idées, que la manivelle ait une longueur de $0^m,25$; que le premier pignon ait un rayon égal à $0^m,05$, c'est-à-dire au cinquième de la manivelle ; que la roue avec laquelle il engrène ait un rayon de $0^m,10$, et le second pignon un rayon de $0^m,04$. Imaginons qu'on imprime à la poignée de la manivelle un déplacement très-petit, d'un centi- mètre par exemple ; la circonférence du pignon subit un déplacement cinq fois plus petit, égal par consé- quent à 2 mill. $\frac{1}{2}$; la roue qui engrène avec le pignon reçoit ce même déplacement à sa circonférence, ce qui entraîne un déplacement égal aux $\frac{4}{10}$ de 2 mill. $\frac{1}{2}$, ou enfin égal à 1 mill. pour le second pignon et la crémaillère. Ainsi un petit déplacement de la poignée de la manivelle produit, par la disposition des engre- nages, un déplacement dix fois plus petit du fardeau à soulever. De cette seule remarque, on peut conclure que l'effort à exercer sur la manivelle du cric, pour équilibrer un fardeau reposant sur la tige verticale, est le dixième du poids de ce fardeau. On pourra donc, à l'aide d'un cric, tenir en équilibre un poids de 120 kilogrammes avec un effort de 12. Mais, par contre, si, au lieu de tenir le fardeau en équilibre, on veut le déplacer verticalement d'une certaine quantité, il faudra faire parcourir à la poignée de la manivelle, en exerçant toujours dessus un effort de 12 kil. dans le sens de son mouvement, un chemin décuple de la hauteur qu'on doit faire franchir au fardeau.

Cet exemple montre le vrai caractère des machines, aux deux points de vue sous lesquels elles peuvent être considérées. Si l'on veut tenir en équilibre un poids de 120 kil., le cric que nous venons de décrire permet d'atteindre ce but avec une force de 12 kil. seulement, le dixième de celle qui serait nécessaire pour soutenir directement le corps pesant. S'agit-il, au contraire, de faire monter ce corps à un mètre de hauteur, notre cric nous en donne encore le moyen, sans dépasser cette même limite de 12 kil. pour l'effort à développer. Son rôle se résume alors dans la décomposition du poids à soulever en 10 parties pesant 12 kil. chacune ; la main de l'ouvrier doit, en effet, parcourir 10 mètres pour produire le soulèvement d'un mètre qui est demandé. Imaginons qu'on ait divisé le fardeau en 10 parties égales ; l'ouvrier, sans développer d'effort supérieur à 12 kil., pourra prendre successivement chacune de ces parties et les élever d'un métre; mais son *travail* est identique à celui qu'il produirait en élevant une seule de ces parties à une hauteur de 10 mètres. Et c'est là précisément ce que fait sa main appliquée à la manivelle, car elle parcourt 10 mètres en exerçant constamment l'effort de 12 kil.

Cette analyse s'applique à toutes les machines, au levier, au treuil, au plan incliné. Elle n'a qu'un défaut, c'est de laisser de côté certaines resistances accessoires, dites *résistances passives* : les frottements, par exemple, qui absorbent inutilement une partie du travail moteur, et qui devraient figurer dans un calcul tout à fait rigoureux. Il en résulte que la loi que nous avons posée, loi absolument vraie quand on tient compte de toutes les forces et de toutes les résistances, ne se vérifie pas complétement lorsqu'on a seulement en vue les forces principales, et qu'on néglige les *résistances passives*. Ce qu'on peut affirmer alors, c'est que *le travail moteur est toujours supérieur au travail de la résistance principale*. Par exemple, pour lever 120 kilog. à un mètre de hauteur, il faut que l'ouvrier exerce un effort un peu supérieur à 12 kilog., en faisant parcourir à la poignée de la manivelle un espace égal à 10 mètres. La machine, comme nous l'avons remarqué, échange le travail moteur qu'on lui confie dans le travail utile qu'on veut faire; mais cet échange ne se fait pas sans frais, et le travail absorbé par la machine est comme la commission retenue par le changeur : commission d'autant plus petite que la machine est plus parfaite.

Pour en revenir aux engrenages, et pour en finir avec ce mode de transmission, observons que deux roues non garnies de dents peuvent néanmoins engrener l'une avec l'autre, pourvu que leur adhérence mutuelle soit suffisamment développée. Cette adhérence dépend à la fois de la nature des surfaces en contact et de la pression qu'elles exercent l'une sur l'autre dans le mouvement commun.

On a, dans la locomotive, un exemple remarquable de cet engrenage sans dents; la roue motrice pèse sur le rail, et l'adhérence suffit pour fournir le point d'appui nécessaire à la propulsion du train. Tout se passe comme si la roue motrice, garnie de dents, engrenait avec un rail découpé en forme de crémaillère. La pression de la roue motrice sur le rail est d'ailleurs d'autant moindre que la voie est plus inclinée sur l'horizon, de sorte que, pour les fortes rampes, elle ne suffirait plus à empêcher la roue de *patiner*. C'est ce qui conduit à revenir, pour ces cas particuliers, à l'engrenage de la crémaillère, solution adoptée d'abord aux États-Unis d'Amérique, mais dont on peut voir maintenant en Europe quelques remarquables exemples, entre autres le chemin de fer qui, des bords du lac des Quatre-Cantons, monte au sommet du Rigi.

La transmission par *courroie* est l'une des plus employées dans l'industrie (voy. fig. 1).

Le récepteur, qui fait agir tous les outils d'une usine, imprime un mouvement de rotation continu à un arbre qui traverse les bâtiments et les cours de l'établissement.

Sur cet arbre sont montés, de distance en distance, des tambours entraînés dans son mouvement; en regard de chaque tambour, d'autres tambours sont montés sur des arbres parallèles; une courroie passe de l'un des tambours à l'autre, et communique le mouvement de l'arbre tournant principal à l'arbre secondaire qui commande une série d'outils.

L'arbre secondaire porte généralement plusieurs tambours voisins les uns des autres; chacun a son rôle particulier. L'un donne à l'outil un mouvement dans un certain sens; l'autre lui imprime un mouvement en sens contraire. Pour changer le sens du mouvement, il suffit de déplacer la courroie au moyen d'un levier à fourche, et de lui faire quitter le premier tambour pour la jeter sur le second. Entre les deux, on interpose généralement un troisième tambour ou *poulié folle*, qui tourne à vide, sans entraîner aucun mécanisme. Cette poulie sert à adoucir le choc que l'outil aurait à subir, si la courroie passait instantanément d'un tambour au tambour voisin; pendant le temps qui se perd sur la poulie folle, l'outil diminue de vitesse, et se prépare ainsi à reprendre un mouvement en sens contraire. Dans certaines machines-outils, le levier qui déplace la courroie est manœuvré par la machine elle-même, et le mouvement alternatif s'entretient sans intervention de l'ouvrier.

Pour interrompre le mouvement de l'outil, on peut ou bien faire passer la courroie sur la poulie folle et l'y maintenir à demeure, ou bien supprimer la tension de la courroie et supprimer ainsi à la surface des tambours l'adhérence nécessaire à la transmission. On se sert, à cet effet, d'un rouleau à contre-poids, qu'on fait peser sur la courroie quand elle doit entrer en service, et qu'on relève quand son travail est terminé; la courroie devient lâche aussitôt et quitte la surface du cylindre moteur.

La courroie se prête à la transmission des rotations en sens contraires, aussi bien qu'à la transmission des rotations de même sens. Il n'y a, pour résoudre ce nouveau problème, qu'à croiser la courroie entre les tambours. Ce croisement exige le retournement de la courroie entre les deux tambours, de manière que les deux brins puissent passer de champ l'un à côté de l'autre; de cette manière, le contact de la courroie avec chacun des tambours peut avoir lieu par la face rugueuse de la courroie, ce qui profite à l'adhérence.

Le caractère géométrique de la transmission par courroie est l'égalité des vitesses à la surface des deux tambours, que les courroies soient droites ou croisées. L'extensibilité des courroies altère légèrement cette égalité.

Lorsque les deux cylindres qu'on veut relier ensemble par une courroie sont situés à une grande distance l'un de l'autre, il n'est plus nécessaire de tendre artificiellement la courroie pour qu'elle communique le mouvement. Son poids suffit pour lui donner une tension qui développe toute l'adhérence dont on a besoin. C'est le principe des transmis-

sions opérées par les *câbles télo-dynamiques*. M. Hirn,
le savant industriel de l'Alsace, a remplacé la courroie par un câble métallique, de petit diamètre, et
les tambours légèrement bombés par de grandes
poulies à gorge; éloignant ces poulies d'une centaine de mètres, par exemple, il a reconnu qu'on
pouvait transmettre la rotation de l'un à l'autre au
moyen d'un câble sans fin qui les embrasse à la
fois et qui tombe librement en guirlande dans l'intervalle. Pour transmettre la rotation à une distance
plus grande, on fractionne cette distance en plusieurs parties, et installant des poulies intermé-

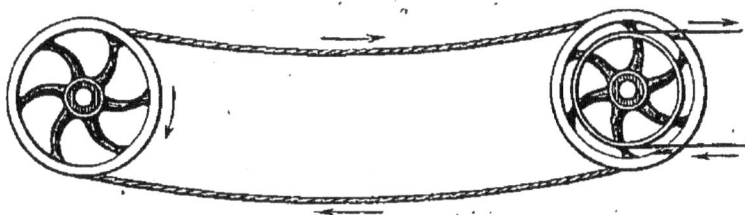

Fig. 44. — Câble télo-dynamique.

diaires, qui forment comme des relais entre les poulies extrêmes, on les réunit en un seul et même appareil, en faisant passer des câbles télo-dynamiques
de la première à la seconde, de la seconde à la troisième, de la troisième à la quatrième, et ainsi de
suite jusqu'à la dernière. Ce système si simple, et en
même temps susceptible d'une extension presque indéfinie, employé d'abord à l'usine du Logelbach, est
maintenant mis à profit à peu près partout, par exemple aux usines de Schaffhouse qui sont rattachées par
un câble à la chute du Rhin; par exemple encore,
aux travaux de bâtisse de Paris, pour communiquer

aux divers monte-charges du bâtiment et aux appareils de préparation des mortiers le mouvement emprunté à une locomobile.

La machine à vapeur nous offre de nombreux exemples de transformation de mouvement. Le piston a un mouvement de va-et-vient qu'il faut généralement transformer en un mouvement circulaire continu. Deux solutions principales de ce problème ont été données : l'une comprend les *machines à balancier* de Watt, l'autre les *machines à action directe.*

Le *balancier* est une pièce massive, une sorte de levier oscillant, qui à une extrémité reçoit, dans un sens, puis dans l'autre, la poussée du piston, et qui à l'autre extrémité agit par une *bielle* articulée sur le bouton d'une manivelle faisant corps avec l'arbre tournant. La transmission se fait ainsi d'une manière indirecte : du piston au balancier, transformation d'un mouvement rectiligne alternatif en circulaire alternatif; du balancier à l'arbre tournant, transformation du mouvement circulaire alternatif en circulaire continu. La première transformation exige un artifice particulier. Si l'on faisait agir la tête du piston sur une bielle simple, articulée avec l'extrémité du balancier, cette bielle prendrait dans le mouvement une obliquité qui tendrait à jeter la tête du piston tantôt dans un sens, tantôt en sens contraire; il importe de prévenir cette déformation incessante de la tige. Pour y parvenir, Watt la soutenait au moyen de son *parallélogramme articulé*, qu'on peut voir sur la figure 20. Deux brides du parallélogramme sont

articulées au balancier; le troisième sommet est
guidé dans sa course par un contre-balancier mobile
autour d'un centre fixe; le quatrième sommet, celui
auquel le piston s'attache, décrit à peu près une
ligne droite; et la poussée latérale de la bride oblique
qui y aboutit est équilibrée par l'effort du second
côté du parallélogramme, qui le reporte sur le balancier et sur le contre-balancier.

Dans les machines à action directe, la bielle fait
suite au piston et commande la manivelle de l'arbre
tournant. Un excentrique, calé sur cet arbre, transmet un mouvement de va-et-vient au tiroir de distribution. On peut changer la détente de la machine, ou même changer le sens de la marche,
à l'aide de la *coulisse de Stephenson,* représentée
(fig. 45).

O est la coupe de l'arbre tournant; il porte deux
excentriques, A et A' : le premier, pour la marche
en avant; l'autre, pour la marche en arrière. Ces
excentriques, au lieu de commander directement
le tiroir dans la boîte de distribution, agissent sur la
coulisse BB', dont on peut régler à volonté la position
au moyen du *levier de changement de marche,* GF, et
des tiges articulées HK, LB'. Si l'on fait passer, par
exemple, le point H au point H', le levier coudé KIL
est entraîné de droite à gauche, et la coulisse s'élève;
un contre-poids M l'équilibre dans toutes ses positions,
et facilite les manœuvres. La coulisse porte en C
un *coulisseau,* suspendu à la pièce ED et mobile autour
du point E; le mouvement qu'il reçoit de la coulisse
est transmis au tiroir par la tige DNP. On conçoit que,

lorsqu'on abaisse complétement la coulisse, le coulis-

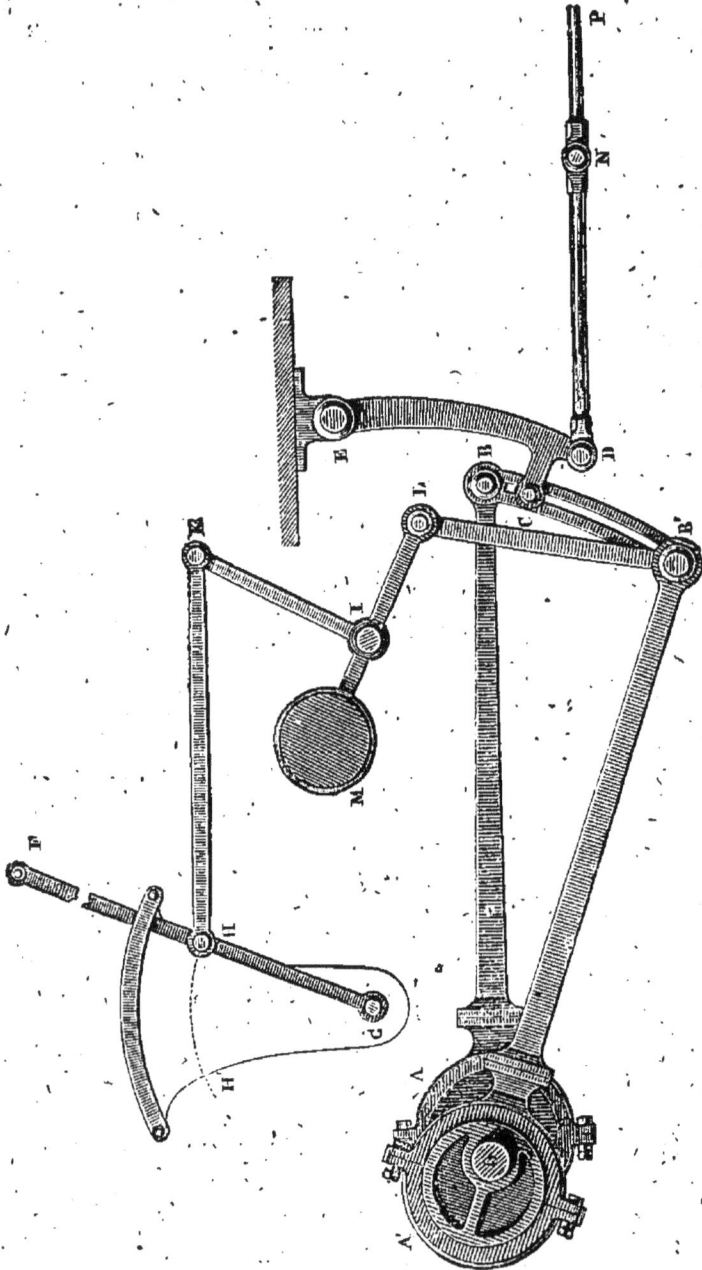

Fig. 45. — Coulisse de Stephenson.

seau est tout près du point B; son mouvement, et

11

par suite celui du tiroir, sont réglés par l'excentrique A de la marche en avant. Si, au contraire, on
relève entièrement la coulisse, le coulisseau, amené
au point B', a son mouvement réglé par l'excentrique A' de la marche en arrière ; la distribution
se trouve renversée. On peut fixer le coulisseau
dans telle position qu'on veut entre ces deux positions extrêmes. Son mouvement participe alors d'une
manière inégale aux mouvements propres des deux
excentriques, et la course du tiroir est modifiée en
conséquence ; on a donc par là un moyen d'altérer
entre certaines limites la longueur de la détente. Et,
quoique cet appareil ne soit pas entièrement satisfai-
sant, quoiqu'il donne notamment une marche en
arrière plus irrégulière que la marche en avant, il
est si simple et d'un usage si commode, qu'il est aujourd'hui employé sur toutes les locomotives.

Nous pourrions multiplier presque indéfiniment
ces exemples de transformations de mouvement.
Comme il faut se borner, contentons-nous d'indiquer une manière de briser un arbre tournant, au
moyen du *joint*

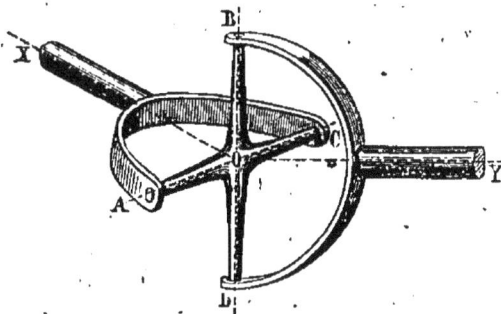

Fig. 46. — Joint universel.

universel, tout en assurant la rotation des deux parties séparées par la brisure.

L'arbre X est terminé par la fourchette AC, dans

les branches de laquelle passent les extrémités d'une des branches du croisillon O.

L'autre branche de ce croisillon traverse en B et D les extrémités d'une fourchette à angle droit sur la première, et faisant corps avec l'arbre tournant Y. En vertu de cette disposition, si l'arbre X fait un tour, l'arbre Y en fera un. aussi, et le mouvement sera transmis d'un arbre à l'autre, quel que soit l'angle XOY que forment leurs directions, pourvu pourtant qu'il ne soit pas droit. Cet appareil, employé depuis longtemps par les Hollandais pour mettre en mouvement les vis d'Archimède au moyen desquelles ils dessèchent leurs polders, sert aussi dans les usines où l'on doit installer un arbre tournant de très-grande longueur. L'opération serait inexécutable si l'on voulait faire un tel arbre d'un seul morceau; le moindre tassement de ses supports suffirait pour en paralyser le mouvement. Au lieu de cela, on fractionne l'arbre en parties qui reposent séparément sur deux paliers indépendants. Puis on réunit par des joints universels les parties voisines. La précision de la pose n'est plus aussi nécessaire quand on a recours à un pareil artifice, et de petits tassements peuvent se produire sans créer à la rotation commune un obstacle invincible.

CHAPITRE III

REVUE DES DIVERSES INDUSTRIES

ALIMENTATION

Après les moteurs, après les mécanismes qui servent à la transformation des mouvements, il nous reste à passer en revue les principales machines-outils pour terminer la partie technique de notre étude. Nous y parviendrons sans trop de fatigue, en prenant à part diverses industries parmi les plus essentielles.

Commençons par celles qui ont pour objet l'alimentation de l'espèce humaine. Ce sont les premières en date et en importance. Rabelais a quelque raison quand il affirme que *Messer Gaster*[1] est le premier *Maître ès arts* de ce monde[2]. « Si croyez », dit-il, « que « le feu soit le grand maitre des arts, comme escript « Ciceron, vous errez et vous faictes tort. Car Ciceron

---

[1] Personnification de l'estomac, de la faim.
[2] *Pantagruel,* livre IV, chap. lvii.

« ne le creut oncques. Si croyez que Mercure soit
« premier inuenteur des arts, comme jadis croyaient
« nos antiques druydes, vous fouruoyez grandement.
« La sentence du satyricque[1] est vraye, qui dict
« Messer Gaster estre de tous arts le maitre...... A ce
« chevaleureux roy force nous feut faire reuerence,
« iurer obéissance et honneur porter. Car il est im-
« perieux, rigoureux, rond, dur, difficile, inflecti-
« ble. A luy on ne peut rien faire croire, rien re-
« monstrer, rien persuader. Il ne oyt point...... Il ne
« parle que par signes. Mais, a ses signes, tout le
« monde obeyst, plus soubdain qu'aux edicts des
« preteurs et mandements des roys : en ses somma-
« tions, delay aulcun et demoure aulcune il n'admet.
« Vous dictes que au rugissement du lion toutes
« bestes loing a l'entour fremissent, tant (scauoir
« est) qu'estre peult sa voix ouye... Je vous certifie
« qu'au mandement de messer Gaster tout le ciel
« tremble, toute la terre bransle. Son mandement est
« nommé Faire le faut sans délay, ou mourir. » Et
plus loin, passant en revue les moyens inventés par
Gaster d'*auoir et conseruer grain*, Rabelais n'a pas de
peine à montrer que toutes les inventions humaines
dérivent des impérieuses réclamations de l'estomac.

Malgré cette communauté d'origine, on a longtemps distingué l'agriculture de l'industrie proprement dite. Ce que demande l'agriculture, disait-on,
ce sont des bras, et laissant à l'industrie les machines perfectionnées, on s'en tenait pour les tra-

---

[1] Perse : *magister artis ingeni largitor venter.*

vaux des champs aux outils les plus élémentaires,
tels que la charrue, la herse, le râteau, la faucille.
Notre temps voit s'opérer à cet égard une transformation bien radicale. L'agriculture reprend dans l'industrie la place qu'elle n'aurait pas dû quitter ; elle
perd en même temps ce caractère pastoral qui avait
inspiré tant d'églogues à l'imagination un peu trop
complaisante des poëtes. En un mot, elle se préoc-
cupe de produire plus en dépensant moins, d'économiser le temps, de soustraire le plus rapidement
possible les produits agricoles aux intempéries. Pour
le véritable agronome, les opérations de la vie des
champs sont autant de problèmes dont la résolution
plus ou moins intelligente a sur sa fortune une immense influence. Pour lui tout se tient, tout s'en-
chaîne. Sur un même sol, il fait succéder des cultures diverses, autrement le sol s'épuiserait ; il
nourrit sur sa ferme le nombre de bestiaux nécessaires pour fournir l'engrais réclamé par ses cultures.
Il a déterminé pour chacun de ces animaux, d'après
son espèce, la destination qui lui convient le mieux.
Le produit principal qu'il en retire, lait, travail ou
laine, vient-il à baisser, l'animal est, suivant les
cas, poussé vers l'engraissement ou abattu. L'agronome fait nettoyer ses champs, pour que la puissance productive du sol ne s'exerce pas au profit
des végétaux parasites. Ses terres sont-elles argi-
leuses, sont-elles exposées à trop d'humidité, il les
draine, et rejette l'excès d'eau vers les points les plus
bas des vallées voisines. Sont-elles au contraire cul-
tivées en prairies, ou bien exposées aux ardeurs du

soleil méridional, l'irrigation doit y apporter l'humidité indispensable à la végétation. On est effrayé du
nombre d'opérations toutes laborieuses qu'exige la
moindre récolte. Pour le blé, par exemple, produit
principal de l'agriculture française, il faut d'abord
labourer le champ, le semer, le herser, quelquefois
le rouler après la gelée, puis, l'été venu, couper la
moisson, la battre, vanner le grain, le mettre en

Fig. 47. — Labourage à la vapeur.

sac, le conserver autant que possible à l'abri des rats
et des charançons, enfin le porter au marché ou au
moulin, pour le vendre ou le transformer en farine.
Voilà ce qu'on a toujours fait depuis la naissance de
l'industrie agricole. Voyons maintenant les perfectionnements introduits par les machines modernes.

Au lieu d'employer un attelage de chevaux ou de
bœufs pour tirer la charrue, on commence à se servir d'une machine à vapeur qui exerce la traction à
distance, par l'intermédiaire d'un câble. (fig. 47).

On fait alors en quelques heures l'ouvrage d'une
journée, et on épargne aux hommes les efforts ma-
nuels de la conduite de la charrue.

On sème en général à la main : le semeur lance
une volée de grains dans le cercle mobile dont il

Fig. 48. — Semoir mécanique.

occupe le centre. Mais, comme le dit la parabole de
l'Évangile[1], une partie de cette semence tombe sur
le chemin, une autre sur la pierre, une autre parmi
les épines ; tel grain est foulé aux pieds, tel autre est
mangé par les oiseaux du ciel; ainsi en est-il de la
parole de Dieu. A moins d'un talent exceptionnel, le

[1] Saint Luc, chap. viii.

semeur n'arrive pas à répandre d'une manière égale
la semence sur toute la surface du champ. Le *semoir*, au contraire, permet la culture *sous raies*,
c'est-à-dire en lignes (fig. 48) ; il économise un tiers
de la semence, et la répartit avec une parfaite éga-

Fig. 49. — Moissonneuse à plateau automatique.

lité ; enfonçant le grain en terre, il le protége contre
les différents accidents auxquels autrement il resterait exposé. Que d'avantages présenterait de même
un *semoir moral*, qui ferait pénétrer la parole de vie
jusqu'à la bonne terre de notre cœur, où elle porte-
rait du fruit au centuple, et cela, tout en économi-
sant un tiers des sermons !

La culture sous raies a un grand avantage sur la culture irrégulière : c'est de permettre de sarcler la terre au moment où les plantes commencent à lever, et de faire passer les dents de la houe à cheval entre les raies, sans dommage pour la plante princi- pale et en enlevant les mauvaises herbes. Quand

Fig. 50. — Tarare américain.

vient le moment de la moisson, au lieu d'em- ployer la faucille ou la faux, et une armée de mois- sonneurs, on peut se servir d'une machine *moisson- neuse :* la figure 49 en montre un modèle particulier. Le râteau, mis en mouvement par la progression de la machine, couche les tiges de blé, et les main- tient couchées pendant qu'un couteau en dents de scie les coupe par le pied ; le râteau les entraîne en-

suite circulairement et les dépose en ordre au bord
du chemin parcouru par l'instrument.

Au lieu de battre le grain au fléau, on le bat et
on le vanne du même coup à la machine. Le bat-

Fig. 51. — Grenier conservateur.

tage au fléau n'est usité que lorsqu'on veut consér-
ver une belle paille. Il faut alors recueillir le grain,
et par un vannage à la machine, on le sépare de la
balle qui l'entoure (fig. 50).

Au lieu de renfermer le grain dans des sacs que les rongeurs percent si facilement, et où il est exposé à mille autres accidents, on peut le verser dans des caisses en tôle, où il se conserverait indéfiniment moyennant qu'il soit aéré, remué, nettoyé. La figure 51 représente, par exemple, un *grenier conservateur* imaginé par M. Pavy. Grâce au mécanisme intérieur, on peut aérer le grain en en écoulant un certain volume. On voit sur l'échelle à quelle hauteur le grain s'élève au dedans de la caisse; enfin, les animaux parasites ne peuvent pas mordre facilement sur cette enveloppe métallique, ni prélever leur dîme sur la richesse du cultivateur.

Si nous suivons le grain en dehors de la ferme, nous le voyons réduit en farine dans le moulin, et là encore, le perfectionnement dû à l'emploi des machines est bien sensible. Que l'on compare un vieux moulin déjà tout vermoulu, utilisant à peine une belle chute d'eau avec sa roue à palettes planes, à ces grandes minoteries anglaises, où une turbine fait tourner une douzaine de paires de meules, où tous les déplacements, toutes les préparations du grain, de la farine et du son se font automatiquement, par le simple jeu d'embrayages qui, du sous-sol au grenier, commandent les appareils les plus divers. On comprendra alors l'immense progrès réalisé par ces belles usines, qui rendent plus facile, plus rapide et par suite plus économique, une longue série d'opérations autrefois si lentes et si imparfaitement accomplies. Si de là nous passons à la boulangerie, au

Fig. 52. — Boulangerie.

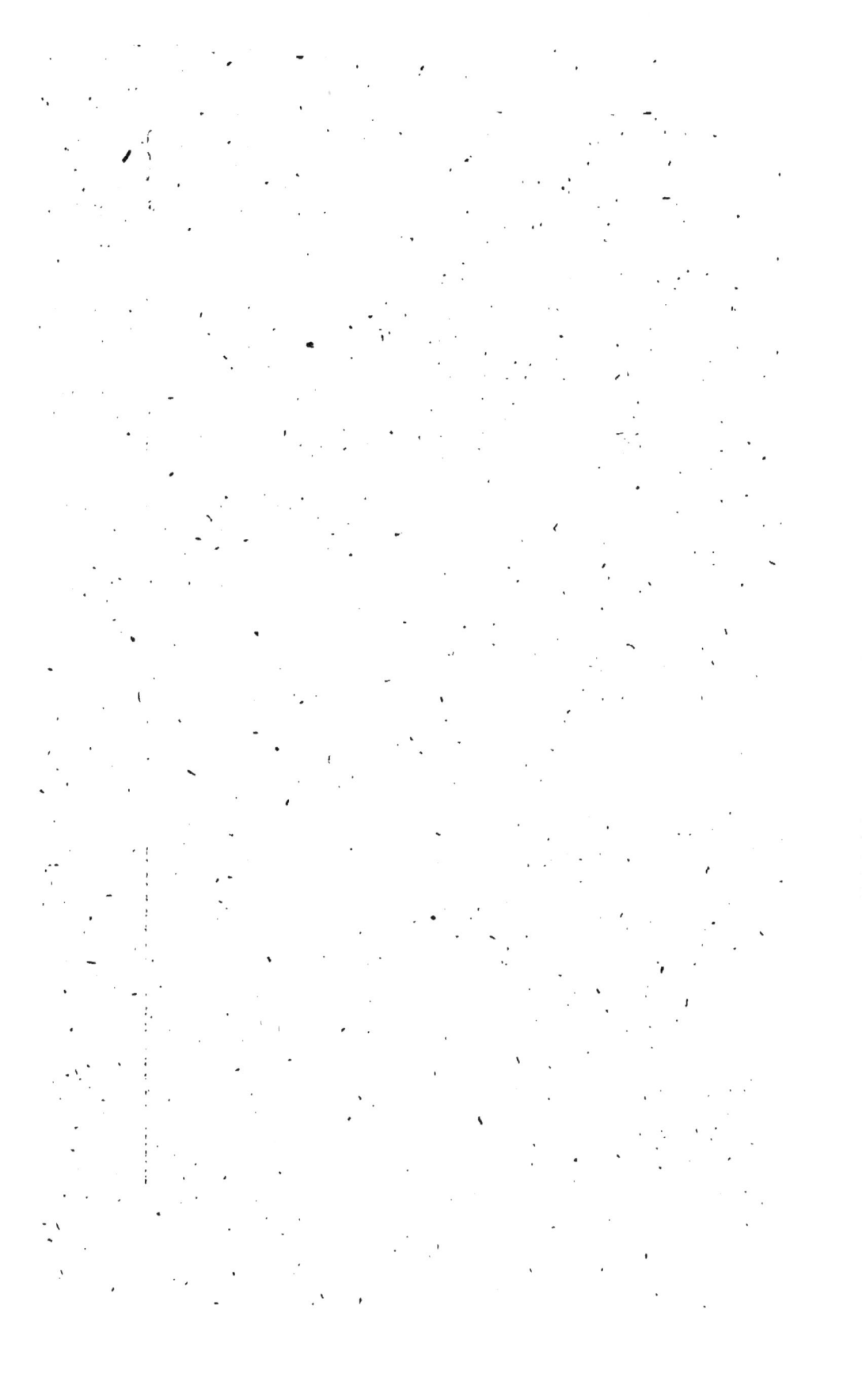

lieu des *huches* traditionnelles où de malheureux
boulangers, ruisselant de sueur, criblent pénible-
ment la pâte de coups de poing, et par ce travail
fatigant accompli dans une atmosphère chargée des
émanations de la levûre, s'exposent à des infirmités
précoces, une machine à vapeur met en mouvement
les bras recourbés de plusieurs *pétrins mécaniques*,
qui travaillent la pâte plus rapidement et surtout
plus proprement; le travail des ouvriers se réduit à
préparer le mélange, à surveiller le mouvement du
pétrin, à mouler les pains dans des corbeilles, à
chauffer les fours, à enfourner les pains, et à les
retirer une fois cuits (fig. 52).

Si les garçons boulangers sont dans le simple costume que montre la figure, il ne faut pas oublier
qu'ils sont dans une pièce extrêmement chaude, et
que les fours n'émettent guère que de la chaleur
obscure, contre laquelle ils n'ont pas besoin de se
garantir par des vêtements. Leur costume d'ailleurs,
date des anciennes habitudes de la profession, et l'on
sait combien une habitude est difficile à perdre.

Les autres opérations agricoles nous révéleraient
d'aussi importants progrès mécaniques. On possède
aujourd'hui des machines pour couper l'herbe d'un
pré et pour la faner, des tubes pour l'arroser en pluie;
des machines pour faire diverses préparations : presses, hachoir, coupe-racines, etc. Il n'est pas rare de
voir dans les fermes un peu étendues une locomobile
qui sert de moteur pour tous ces travaux, et qui y
joue le rôle d'un immense attelage.

On n'en finirait pas si l'on voulait énumérer tous

les services rendus par la mécanique à l'industrie
alimentaire, depuis les appareils agricoles jusqu'aux
mille et une machines des fabricants de conserves ou
de chocolat. Nous nous arrêterons donc ici, en ci-
tant pour finir le beau problème des distributions
d'eau dans les villes. Ce sujet se trouve traité en détail dans un volume de cette collection, l'*Hydraulique*
de M. Marzy. Tout en y renvoyant le lecteur, nous ne
pouvons nous empêcher d'admirer avec lui la science
qui permet d'amener à Paris, au niveau d'un quatrième étage, l'eau des sources de la Dhuis et de la
Vanne, et de faire jaillir au-dessus du sol les eaux
souterraines des puits artésiens à Grenelle et à Passy.

HABITATION

Sous ce titre, nous pourrions ranger tous les
appareils qui servent à la construction des édifices,
à la préparation et à l'emploi des matériaux dont
ils sont composés. Soyons moins ambitieux et n'en-
tamons pas une aussi longue nomenclature. Qu'il
nous suffise de remarquer qu'aujourd'hui le travail du bois et du fer, ces deux éléments si importants de la construction moderne, se fait à
l'aide de machines, plus vite et plus économique-
ment qu'autrefois; et que les procédés nouveaux permettent d'atteindre dans les ajustages une précision
qui aurait paru impossible. Pour le bois, le progrès
est évident; nos scieries mécaniques laissent loin
derrière elles les lenteurs du travail manuel. Si la
menuiserie produit encore tant de pacotille, c'est

qu'elle le veut bien, et qu'elle néglige d'employer des bois assez vieux pour n'être plus sensibles aux variations hygrométriques de l'air. Pour le fer et les métaux, en général, le pas franchi a une importance bien plus frappante encore. Qu'était-ce que le fer dans les constructions d'il y a cinquante ans? Un accessoire, représenté par des liens, des étriers, des boulons et des clous. Qu'est-il aujourd'hui? Un des éléments essentiels de la plupart des édifices. Les planchers, les toitures des maisons de Paris sont en grande partie métalliques. Que de chances d'incendie conjurées par cette substitution du fer au bois dans les charpentes! Quelle réduction de volume pour ces poutres autrefois si massives et si encombrantes! Cette transformation est due à l'invention du laminoir et au développement général de l'industrie métallurgique. Du reste, si de grands progrès sont acquis pour le travail des matériaux, de non moins grands ont été réalisés dans la manière de les mettre en œuvre, et quand il n'y aurait que l'amélioration des moyens de transport et des procédés de montage, on devrait encore s'applaudir de ces perfectionnements qui abrègent la durée des constructions.

A d'autres égards, nous pouvons classer sous le titre d'*habitation* l'examen des systèmes mécaniques introduits dans nos maisons pour nous rendre certains services spéciaux. Tels sont les distributions d'eau et de gaz, les sonnettes, les appareils pour activer la combustion et la ventilation, etc.

L'eau ne coûte rien, si ce n'est la peine d'aller la chercher; cette peine est peu de chose pour l'habitant d'une ferme qui puise directement à une fontaine; elle est un peu plus grande pour celui qui doit tirer un seau d'eau d'un puits. Enfin, dans une grande ville, les courses aux fontaines publiques, le stationnement pour y attendre son tour, puis l'ascension de plusieurs étages quand on porte un poids considérable au bout du bras, sont des causes de fatigue et de temps perdu qu'une bonne administration domestique doit chercher à restreindre le plus possible. La première manière d'y parvenir, c'est d'appliquer le principe de la division du travail, et de demander ce service particulier à un personnel qui s'en occupe exclusivement : de là les porteurs d'eau, ces auxiliaires si utiles des plus humbles ménages. Eh bien, cette solution est loin d'être la plus économique, et la mécanique en fournit une qui est préférable; c'est celle qui consiste à amener, par une distribution générale, l'eau à l'étage le plus élevé des maisons, et à placer à chaque étage un robinet à la disposition des habitants.

Le gaz se distribue comme l'eau, au moyen d'une canalisation qui part de l'usine où il est fabriqué, pour aboutir à une série de becs où la combustion s'opère. A l'usine, on obtient le gaz d'éclairage en distillant la houille dans de grandes cornues; le résidu solide forme le coke; la partie gazeuse qui se dégage, et qui n'est autre que l'hydrogène carboné, se rend sous une cloche renversée dans l'eau, à la façon des *éprouvettes* des chimistes. Cette cloche se soulève à mesure que le gaz y afflue, et, par son poids, maintient dans la masse une pression sensiblement constante. La conduite maîtresse part de dessous la cloche et va porter le gaz, au moyen de divers branchements, dans les divers quartiers de la ville. D'autres tubes s'embranchent sur les tuyaux principaux, et pénètrent dans les maisons particulières. Un *compteur* est placé sur la route que le gaz doit suivre; c'est, en général, une sorte de tourniquet que le courant gazeux met en mouvement. L'appareil donne l'indication du nombre de tours qu'il a faits depuis sa mise en train, de sorte qu'en le visitant chaque mois, on sait, par ce nombre de tours, le volume de gaz qui a été réellement dépensé, et dont le prix est acquis à l'usine. Le gaz d'éclairage est une invention toute moderne, et déjà il a supprimé, pour l'éclairage des rues, ces réverbères, ces lanternes, qui ne réussissaient guère qu'à rendre les ténèbres visibles. De là il a pénétré dans les établissements publics, puis enfin dans les maisons particulières, où on l'emploie non-seulement pour l'éclairage, mais aussi pour le chauffage et la cuisson des aliments. Des perfectionnements récents, dus à M. Giroud, permettent de régler, avec une parfaite exactitude, la pression du gaz à sa sortie du bec, et de maintenir constante l'intensité de la lumière, malgré les irrégularités incessantes du régime des conduites principales.

Les sonnettes, au moyen desquelles on appelle un domestique, montrent l'influence morale des moindres perfectionnements mécaniques. On ne connaissait autrefois que les sonnettes à main, dont le bruit s'entend peu au delà des pièces voisines de celle d'où part le signal. Aussi, outre le personnel actif

d'une maison bien montée, il fallait faire station-
ner non loin du maître un personnel volant
d'aides de camp à qui il pût donner ses ordres. Les
renvois de sonnette permettent de faire le signal à
distance, et de localiser le bruit dans la région où
il est utile de le faire entendre. De même les sonnettes des portes d'entrée ont supprimé ces lourds
marteaux qui, pour éveiller le portier, produisaient
dans la rue et dans toute la maison un insupportable
vacarme. L'invention mécanique des transmissions
de sonnette a eu, en résumé, le bon effet de supprimer ou de réduire tout un personnel d'anti-
chambre. L'électricité appliquée à ces transmissions a réalisé un nouveau progrès, en rendant
tout à fait indifférente la distance à laquelle on
peut correspondre. Mais c'est un système délicat,
et qui demande un entretien continu. Les *tubes acoustiques*, simples tuyaux qui conduisent au loin les
ondes sonores, résolvent le problème de la conversation à distance dans les limites d'une même maison.
Par un son aigu, qui se fait entendre dans la pièce
où le tuyau aboutit, on appelle l'attention de la personne à laquelle on s'adresse. Elle répond par un
signal analogue pour montrer qu'elle prête l'oreille;
puis la conversation commence, chaque interlocuteur
recueillant dans son oreille les paroles prononcées à
l'autre extrémité du tuyau. Ce système est d'un usage
général aujourd'hui dans les grandes administra-
tions, dans les usines, dans les imprimeries, dans
les navires pour la transmission des ordres du capitaine au mécanicien, et enfin il est à croire qu'il pré-

vaudra aussi dans les chemins de fer pour la communication qu'il serait désirable d'établir entre les voitures d'un même train.

La santé des hommes qui habitent des appartements clos exige impérieusement que l'air y soit fréquemment renouvelé. On sait qu'une fois respiré l'air n'est plus respirable; au bout d'un certain temps, la masse d'acide carbonique exhalée par une personne dans un espace complétement clos, suffirait pour amener l'asphyxie; la transpiration, qui n'est jamais inactive, lors même qu'elle mérite l'épithète d'insensible, produirait à elle seule le même résultat. Qu'est-ce donc si, à ces sources de gaz impropres à la vie, que la vie elle-même élabore, s'ajoutent des flots d'acide carbonique produits par la combustion d'une bougie, d'une lampe, d'un bec de gaz! En rase campagne, ces produits seraient sans aucun inconvénient; là, tout semble naturellement disposé pour maintenir l'air atmosphérique à un état de pureté invariable. Les plantes s'emparent, sous l'influence des rayons solaires, de l'acide carbonique produit par les animaux, et à part quelques miasmes, le plus souvent localisés dans certaines régions bien circonscrites, où ils entretiennent des fièvres ou d'autres maladies épidémiques, on peut dire que l'atmosphère est généralement saine, et que le grand air, comme la lumière du soleil, est le meilleur préservatif à opposer aux maux qui désolent l'humanité.

Mais l'homme civilisé ne vit pas en plein air; soit à la ville, soit à la campagne, une notable partie de

son temps se passe dans l'intérieur des maisons.
Comment se fait la ventilation de la chambre où il
séjourne plusieurs heures de suite? L'été, on ouvre
les fenêtres. L'hiver, on fait du feu dans la cheminée; l'appel d'air qui en résulte fait pénétrer dans
la chambre, par les joints des fenêtres et des portes,
une quantité d'air pur qui suffit généralement au
besoin de la respiration. Malgré cet apport si essentiel à la santé, jamais la ventilation d'une chambre
n'est suffisante pour mettre l'individu qui y séjourne
dans les conditions où il serait s'il puisait directement dans l'atmosphère. De là la nécessité impé-
rieuse de sortir chaque jour, pour prendre un véritable bain d'air pur; d'aérer souvent les locaux que
l'on habite; d'y faire pénétrer non-seulement l'air du
dehors, mais encore les rayons solaires, qui ont la
propriété de brûler une foule de germes malfaisants.
Combien de gens se trompent à cet égard! combien,
par une économie mal entendue, ferment leurs vo-
lets pour empêcher le soleil de *manger* les couleurs
de leurs meubles, et sont récompensés de leurs pré-
cautions par l'anémie ou la chlorose!

La ventilation devient un problème bien plus difficile, quand il s'agit d'une salle où se rassemblent
des centaines ou des milliers de personnes, d'une
salle des séances d'une assemblée délibérante, d'un
théâtre, d'une église. On parvient à peu près à assurer à chacun sa part d'air à respirer, mais la question de la température ne peut pas être encore con-
sidérée comme bien résolue. L'air est très-mobile, et
la moindre différence de chaleur suffit pour en amener

le déplacement. Cháuffé, il tend à monter; refroidi, il tend à descendre. Dans une salle de spectacle, par exemple, où l'éclairage se fait principalement par en haut, et où la rampe détermine un vif courant d'air entre la scène et les spectateurs, il n'est pas rare de voir le parterre se morfondre, pendant qu'on étouffe aux étages supérieurs. Cette inégalité existait déjà du temps de l'éclairage à huile; mais elle est devenue beaucoup plus grave depuis que le gaz a remplacé l'huile, en dégageant une énorme quantité de chaleur.

La ventilation des hôpitaux a fait de grands progrès, et on arrive aujourd'hui à amener un grand volume d'air pur à chaque lit, sans condamner les malades à respirer l'air déjà souillé par leurs compagnons d'infortune. Mais, malgré ces progrès, il reste encore beaucoup à faire dans cette voie pour rendre sain le séjour des hôpitaux, surtout de ces hôpitaux nombreux qu'on élève dans les grandes villes, et que l'expérience condamne de plus en plus. Des hommes compétents en sont arrivés à proscrire d'une manière absolue toute agglomération un peu nombreuse de malades, et à recommander le traitement des blessures graves, par exemple, dans des locaux isolés, dont l'aération soit complète. C'est le principe de ces *ambulances américaines* qu'on établit sous la tente, et où le grand air et la propreté font de si admirables cures.

On pourrait croire, en résumant ce qui vient d'être dit, que les hommes, par leur seule présence, exercent sur l'air ambiant une action malfaisante, de sorte que les centres les plus peuplés seraient aussi les moins salubres. C'est plutôt le contraire qui serait exact. Assurément, un mauvais climat éloigne les populations, et les localités les plus malsaines sont aussi les moins peuplées. Mais la réciproque est également vraie ; toute population a la propriété d'améliorer le climat qu'elle habite. Qu'une colonie se transporte dans une région malsaine, la moitié périra dans la période d'acclimatation. L'autre moitié tiendra bon, non sans éprouver certaines défaillances passagères ; elle finira par prendre le dessus. La génération suivante est acclimatée ; mais en même temps que la population subit l'influence du climat, le climat se transforme sous l'action continue du travail de la population, et un siècle ne se passe pas sans y amener d'heureux changements. Le travail cesse-t-il un instant, la fièvre revient ; la population, abandonnant la lutte, émigre ou périt. C'est ainsi que, dans la meilleure situation du monde, les côtes de la Méditerranée, autrefois le pays le plus peuplé et le plus riche, sont devenues, sur bien des points, des déserts hantés par la *malaria*, tandis que, sous le 60e degré de latitude, les marais de Saint-Pétersbourg, asséchés par un travail d'un siècle et demi, nous offrent aujourd'hui le spectacle d'une ville florissante de 400,000 habitants.

Il est des cas où la ventilation constitue un problème pratique d'une extrême difficulté, quand il s'agit, par exemple, de faire travailler des ouvriers sous l'eau, ou dans un air asphyxiant ou méphi-

lique ; alors l'intervention des machines est nécessaire.

Le premier essai qu'on ait tenté dans cette voie
est celui de la *cloche à plongeur ;* c'est une cloche
renversée, qui contient de l'air ; on l'enfonce dans
l'eau après y avoir placé l'ouvrier, et on la descend
jusqu'au point où le travail doit s'exécuter. L'air de la
cloche empêche l'eau d'y monter, tout en fournissant à la respiration de l'ouvrier. Mais cet air serait
bien vite vicié au point de devenir irrespirable.
Pour ventiler cette chambre, entourée de tous côtés
par des liquides, on y fait déboucher un tube
dans lequel une pompe refoule de l'air pur. L'a-
cide carbonique produit par la respiration de l'ouvrier et par la combustion de sa lampe est ainsi incessamment mélangé à l'air du dehors ; le trop-plein
s'échappe par les bords de la cloche et remonte à la
surface de l'eau en bouillonnant.

On a ensuite amélioré cet appareil en rendant possible, au moyen d'un *sas à air,* l'entrée et la sortie
des ouvriers. Grâce à ce perfectionnement, on a
pu créer une véritable méthode de fondation *à air*
comprimé, fréquemment employée aujourd'hui dans
les travaux publics. Tous les tempéraments ne se
plient pas également bien au travail dans cette atmosphère artificielle ; à la sortie, les plus robustes
doivent ménager la transition entre des pressions
qui peuvent notablement différer l'une de l'autre.
Des expériences dues à M. le Dr Bert ont montré qu'une réduction subite de pression dans l'air
environnant est accompagnée d'un dégagement des

gaz dissous dans le sang, et que si la différence
est trop grande, la mort peut en résulter. Il est peu
d'hommes, en résumé, qui puissent travailler à plus
de 20 mètres de profondeur au-dessous de l'eau;
aucun n'a encore dépassé 50 mètres.

Fig. 53. — Scaphandre.

En simplifiant encore ce système de ventilation artificielle, on a créé le *scaphandre*, appareil qui laisse
à l'ouvrier une certaine indépendance, et lui permet
de travailler librement au sein des eaux (fig. 53 et 54).
C'était d'abord un casque enfermant, comme dans une

chambre; toute la tête de l'ouvrier ; on l'alimentait
d'air respirable au moyen d'une pompe qui devait
fonctionner constamment. Des poids, des semelles en
plomb donnaient à l'ouvrier la densité nécessaire pour
résister à la sous-pression de l'eau. Ensuite, on a réduit le casque à ses parties essentielles : une embou-
chure, qui se fixe entre les lèvres et les gencives, et
qui conduit l'air aux poumons ; un jeu de soupapes

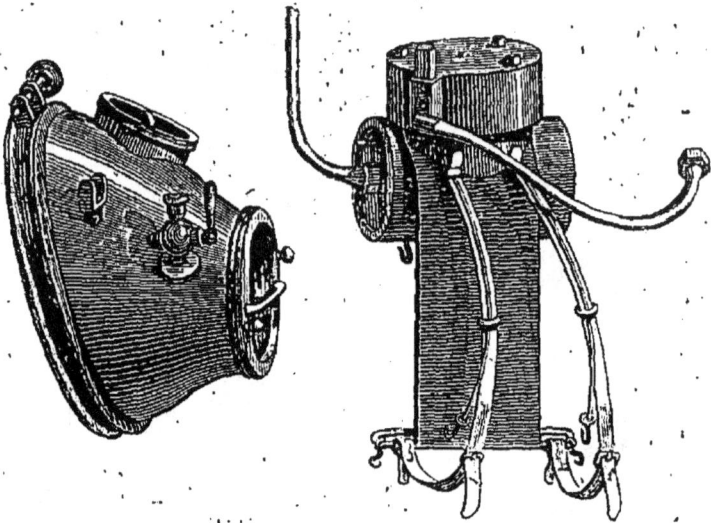

Fig. 54. — Détails du casque et du sas à air.

qui sert à l'évacuation de l'air expiré ; un pince-nez,
qui ferme les narines, et des lunettes étanches, qui
protégent les yeux. De plus, au lieu d'alimenter directement la bouche de l'ouvrier en faisant jouer la
pompe, on peut remplir d'avance des réservoirs d'air
comprimé ; la pression de cet air suffit pour le faire
affluer à la bouche de l'ouvrier. La combustion
d'une lampe s'entretient d'une manière analogue. On
obtient ainsi non-seulement le scaphandre, mais

encore l'appareil Rouquayrol, perfectionné récemment par MM. Denayrouze, appareil au moyen du

Fig. 55. — Appareil Rouquayrol-Denayrouze.

quel un mineur peut travailler pendant plusieurs
heures dans une mine de charbon après l'explosion
du grisou, sans avoir à craindre l'asphyxie (fig. 55).

Citons encore, parmi les machines relatives à l'habitation, les *monte-charge*, appareils très-commodes et très-utiles, au moyen desquels on franchit sans effort les étages d'une maison. C'est un plateau muni d'une tige d'une vingtaine de mètres de longueur, qui s'engage dans un cylindre où elle subit la poussée de l'eau. Pour obtenir l'ascension du plateau, il suffit de tourner un robinet, qui ouvre le cylindre à l'eau d'un réservoir supérieur. C'est l'application aux maisons du système hydraulique qu'on emploie dans les docks et les gares. Cet appareil n'est pas assez employé à Paris, où de fatigantes ascensions d'étages se répètent si souvent dans une journée.

VÊTEMENT

De toutes les machines que l'homme ait inventées, les plus merveilleuses sont peut-être celles qui appartiennent à l'industrie générale du vêtement. Pour celles-là, il faut les voir et les faire fonctionner. Aucune description ne peut les faire comprendre.

L'agriculture livre la matière textile, qu'elle provienne d'un animal, comme la laine et la soie, ou d'un végétal, comme le coton et le chanvre. Il faut d'abord *filer* cette matière, c'est-à-dire la convertir en fils aussi longs que possible, flexibles, peu extensibles, et cependant doués d'une certaine élasticité et d'une certaine résistance.

Longtemps l'opération s'est faite à la main, à l'aide du fuseau et de la quenouille; c'était l'œuvre des bonnes ménagères d'autrefois[1]. Puis, premier progrès, on a remplacé le fuseau par un rouet, qui tord le fil à mesure qu'il se forme, et l'enroule sur une bobine, à mesure qu'il se tord. Enfin, on est arrivé à créer de grandes filatures (fig. 57), où un ensemble d'appareils mécaniques prennent le fil ou le coton à peine

Fig. 56. — Machine à tisser.

formé, et le livrent prêt pour l'emploi, après une longue série de torsions et de préparations diverses. Que de difficultés vaincues dans l'accomplissement de ces premières métamorphoses !

---

[1]. Encore aujourd'hui l'épithète de *spinster* (fileuse) est jointe, en Angleterre, au nom de la jeune fille *sans profession*, dans les publications de mariage.

Fig. 57. — Filature de coton (vue intérieure).

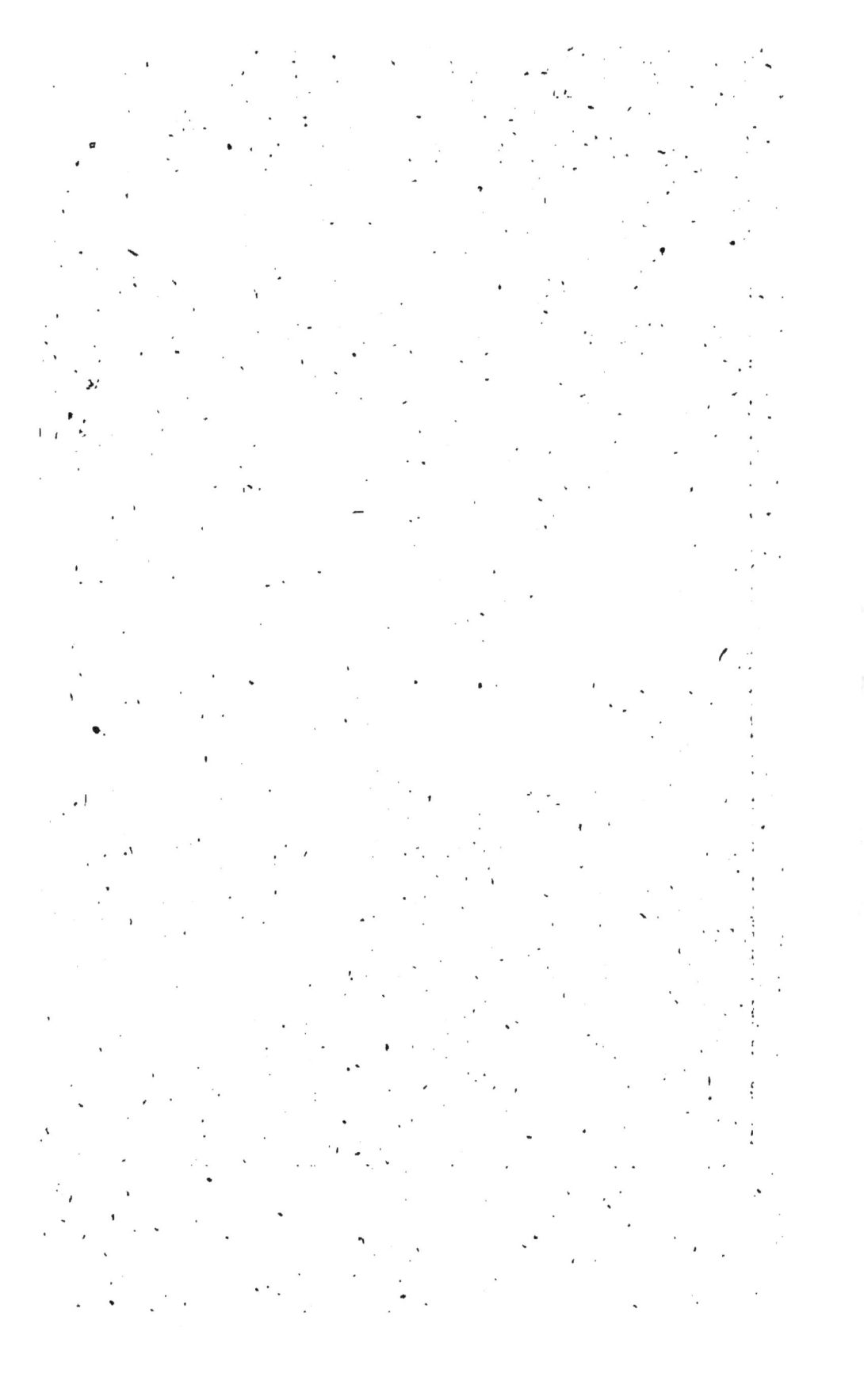

C'est bien autre chose, quand il s'agit de transformer ce fil en étoffe. Une étoffe est composée, en général, de deux systèmes de fils entrecroisés : l'un constitue la *trame*, l'autre la *chaîne*. Les premiers appareils imaginés pour en arriver là sont les *métiers* du tisserand; installé dans une cave humide, le tisserand passe ses journées à faire jouer la pédale qui sépare les fils longitudinaux, et à lancer entre eux la navette qui y insère le fil transversal. La *machine à tisser* (fig. 56) a supprimé cette industrie lente et malsaine; sous la surveillance d'une femme, elle accomplit tout le travail du tissage, et enroule sur un dernier cylindre la toile qu'elle produit incessamment.

Ne parlons pas des étoffes de luxe, telles que les soieries, par exemple, où la machine doit choisir, à certains moments, des fils particuliers, pour les faire entrer dans un dessein déterminé, où les couleurs jouent le principal rôle. Qu'y a-t-il de plus merveilleux que le simple et vulgaire tricot? Une femme l'exécute en manœuvrant les aiguilles; elle ajoute une maille à une maille et, moyennant un nombre convenable de retresses, elle finit par faire un bas, c'est-à-dire par donner à un fil continu la forme d'un pied et d'une jambe. Il faut convenir que c'est là un cas particulier bien remarquable du polygone funiculaire. Or, il existe une machine (fig. 58) qui accomplit en peu de temps, sinon le même travail, du moins un travail analogue, et tout à fait identique quant à l'usage.

Tout le monde connaît aujourd'hui la *machine à coudre* qui, conçue en France par un ouvrier de

Lyon, nous est revenue d'Amérique, à l'Exposition de 1855, et s'est introduite depuis dans tous les ménages et dans tous les ateliers.

Fig. 58. — Métier à tricoter.

Cette machine (fig. 59) est mise en mouvement par une pédale qui fait tourner un volant, lequel donne un mouvement oscillatoire au bras porte-aiguille. L'aiguille perce l'étoffe, et y introduit le fil qu'elle porte tout près de sa pointe. Dans certains systèmes, le fil

est unique : chaque boucle formée par l'introduction
du fil est couchée sur l'étoffe et fixée dans cette position par l'insertion de la boucle suivante. Dans d'autres systèmes, le fil est double, et une aiguille circulaire, ou bien une navette, fait passer un fil continu

Fig. 59. — Machine à coudre.

autour ou au travers de ces boucles successives. En
même temps, la machine donne à l'étoffe un *entraî-
nement* qui amène l'aiguille verticale à la percer successivement aux divers points de la ligne qu'il s'agit
de garnir d'une couture. Des accessoires joints à la
machine facilitent diverses opérations : ce sont des
guides pour filer, pour ourler, pour soutacher, pour
coudre des biais, etc.

L'invention de la machine à coudre date tout au
plus d'une vingtaine d'années, et elle a déjà transformé l'industrie de la couture. La division du travail
qui s'y est introduite a produit ses résultats accoutumés. Les ouvrières se partagent en deux grandes classes : les *apprêteuses*, qui préparent les pièces et les as-
semblent à l'aide d'un fil à bâtir, et les *mécaniciennes*,
qui donnent le mouvement à la machine et qui font
la couture. Celles-ci fatiguent plus que les autres. Les
efforts à développer dans l'opération sont peu de
chose, il est vrai, mais, à la longue, ils deviennent
pénibles, et le travail de la machine pourrait être
nuisible pour la femme qui s'en occupe, s'il n'était
coupé par de fréquents repos.

Quelques chiffres feront juger de l'influence économique de la machine à coudre, et pourront contri-
buer à détruire certains préjugés.

En 1864, on comptait déjà, en France, 34,000 machines à coudre, dont 28,000 de fabrication française. Une machine travaillant constamment occupe
une mécanicienne et 4 apprêteuses, en tout 5 ouvrières. La journée de la mécanicienne étant fixée à 4 fr. et
celle de l'apprêteuse à 2 fr. 50, chaque journée d'emploi de la machine assure un salaire total de 14 fr.
aux cinq personnes que la machine réclame. Autrefois,
ces cinq personnes, employées à la couture à la main,
n'auraient gagné guère plus d'un franc chacune, en
tout 5 francs ; l'usage de la machine a presque
triplé leur salaire, en même temps qu'il permet de
faire par jour un ouvrage décuple de celui qu'elles
eussent fait autrefois à la main. Tout le monde profite

donc de cette invention : les *consommateurs*, qui sont habillés plus vite et à meilleur marché, et les *producteurs*, qui, grâce à l'extension de la consommation, touchent des rémunérations plus larges.

Nous reviendrons sur ces considérations dans le prochain chapitre, et nous reconnaîtrons partout l'heureuse influence du perfectionnement des machines sur ceux-là mêmes dont les intérêts paraissent au premier abord les plus exposés à en souffrir.

A l'industrie du vêtement nous rattacherons une industrie spéciale, en grande parte localisée en Hollande, celle de la *taille du diamant*.

C'est au quinzième siècle seulement qu'un gentilhomme de Bruges, Louis de Berquem, découvrit par hasard, dit-on, que deux diamants, frottés l'un contre l'autre, s'usaient et se polissaient mutuellement. Jusqu'alors le diamant passait pour une *pierre indomptable;* aussi les Grecs lui avaient-ils donné ce nom (*adamas*). Berquem appliqua son observation à la taille, et ne tarda pas à reconnaître que le diamant taillé a beaucoup plus d'éclat et jette beaucoup plus de feux que le diamant le plus transparent pris à l'état naturel. Cette découverte entraînait la mise en valeur de milliers de pierres dédaignées jusqu'alors, et permettait de prodiguer pour la toilette des femmes les joyaux autrefois réservés aux plus riches souverains.

Le premier diamant travaillé par cette nouvelle méthode fut porté par Charles le Téméraire, d'où il passa à la couronne d'Espagne.

Installée d'abord dans les villes de la Flandre, l'industrie de la taille finit par se concentrer entièrement

à Amsterdam, où, chaque année, elle livre au commerce trois cent mille karats de diamants taillés ;
elle fait vivre 10,000 ouvriers, et provoque un mouvement d'affaires de plus de 100 millions de francs.
Mais aujourd'hui la taille du diamant n'est plus
exclusivement hollandaise, et elle paraît s'acclima-
ter dans notre pays.

Le procédé moderne consiste à appliquer le diamant brut, monté sur une garniture d'étain, contre
une meule en acier ou en fonte, recouverte à sa surface d'*égrisée*, c'est-à-dire de poudre de diamant mé-
langée d'huile. La meule reçoit d'une machine à vapeur une vitesse de rotation très-considérable, 2,500
tours par minute. L'ouvrier surveille l'effet produit
sur le diamant : il le déplace et le retourne, quand la
taille d'une face est terminée. Des moyens d'em-
brayage lui donnent la faculté d'arrêter ou de remettre en mouvement une meule en particulier, sans
interrompre la rotation des autres meules de l'usine.

LOCOMOTION

Les rivières sont les premières voies de communication d'un pays ; c'est en effet sur le bord des
cours d'eau que se sont construites les premières
villes. La rivière fournit aux habitants l'eau nécessaire à leur consommation ; elle offre au commerce
une artère naturelle ; ses bords présentent en général des ressources à l'agriculture. Enfin, son courant
est la première force motrice mise à la disposition
de l'industrie.

Les communications sont généralement faciles entre deux points d'une même vallée ; la route que l'on y ouvre, pour peu qu'elle soit bien tracée et que le pays ne soit pas trop accidenté, n'offre nulle part de fortes pentes. Il n'en est pas de même des directions transversales aux cours d'eau. Elles rencontrent d'abord des vallées affluentes, qui se ramifient jusqu'aux limites du bassin de la rivière ; mais cette limite est dessinée par une suite de crêtes, qu'il faut franchir pour entrer dans les bassins voisins. De là des inclinaisons plus ou moins roides, qui créent de sérieuses difficultés pour les transports. Les villes les mieux situées sont celles qui occupent le point où plusieurs rivières viennent se réunir en une seule : telle est la position de Paris, sur la Seine, entre les embouchures de la Marne et de l'Oise ; cette situation a contribué pour beaucoup au développement de la grande ville, qui a eu raison de placer dans ses armes un navire, emblème de la vieille *confrérie de la marchandise d'eau*, c'est-à-dire des mariniers de la Seine.

Ce que nous avons dit des rivières au point de vue de l'industrie des transports, peut se dire à plus forte raison de la mer, qui réunit les peuples bien plutôt qu'elle ne les divise. Quel a été le foyer le plus ardent de la civilisation antique? Le bassin de la Méditerranée, et les côtes profondément découpées de l'Italie et de la Grèce. A notre époque même, où l'on dispose de tant de moyens d'investigation, de tant de facilités pour les transports, quelle est la région la plus complétement inconnue? L'intérieur de l'Afrique,

c'est-à-dire un pays où, à l'exception du Nil, du
Sénégal, du Niger, du Zambèse, le littoral ne s'ouvre à aucun grand fleuve.

Les perfectionnements de la navigation peuvent
porter sur deux objets distincts, sur le bateau et sur
la voie navigable elle-même. Il y a d'ailleurs une
corrélation entre ces deux objets, car toute amélioration de la voie navigable permet pour le bateau
une amélioration correspondante.

Dans le siècle dernier et au commencement du
nôtre, les bateaux servaient, sur les rivières, à trans-
porter des voyageurs. Deux chevaux marchant au
pas tiraient le *coche d'eau* à la descente; à la remonte
il en fallait davantage pour maintenir la même allure; on faisait, sans perdre de temps, dix à quinze
lieues dans un jour. Chaque soir on s'arrêtait pour
repartir le lendemain matin. C'est ainsi qu'on voya-
geait sur la Seine et sur la Loire. C'est sur un coche
d'eau que Vert-Vert fit son fameux voyage de Nevers
à Nantes. L'échange d'une lettre, par cette voie, prenait douze jours entre ces deux villes, quand les
eaux n'étaient pas trop basses, et quand la Loire
n'était pas en crue.

Plus tard, on organisa pour de petits parcours des
services de *bateaux-postes*. Bien des gens se souvien-
nent encore d'en avoir vu, tirés par trois chevaux
à l'allure du petit galop, parcourir le canal de
l'Ourcq entre Meaux et Paris. Ce mode de locomotion
à grande vitesse ne s'appliquait qu'aux canaux de
petite section : toute l'économie du système reposait
sur l'égalité établie entre la vitesse communiquée au

bateau et là vitesse de l'onde produite dans l'eau du canal par le mouvement du bateau lui-même. L'effort de traction diminue un peu dès que cette coïncidence est réalisée, de sorte que, jusqu'à une certaine limite, l'augmentation de la vitesse correspond à une réduction de l'effort à développer. Un tel système n'aurait pu réussir sur une rivière.

Les chemins de fer ont fait tomber tous ces essais de transport des personnes ; seuls les bateaux à vapeur ont pu se maintenir dans certaines circonstances particulièrement favorables. Pour qu'il en soit ainsi, il faut presque toujours que le trajet présente un intérêt pittoresque, et que la voie navigable soit abondamment pourvue d'eau. Ces deux conditions sont remplies pour les lacs de la Suisse et de la haute Italie. Aussi la navigation à vapeur y présente-t-elle un beau développement. Et pourtant déjà les bateaux à vapeur du lac de Wallenstadt, qui faisaient dérouler devant les yeux des voyageurs le panorama des Alpes de Gláris, ont disparu à l'ouverture du chemin de fer de la rive gauche, lequel, accolé au pied des derniers contre-forts de ces mêmes montagnes, n'offre sur tout son parcours que d'assez médiocres paysages entrecoupés de nombreux tunnels.

A part les transports par bateaux à vapeur, sur les lacs et sur les rivières, les voies navigables ne portent plus aujourd'hui que des marchandises, principalement des marchandises lourdes et encombrantes, telles que la houille, les matériaux de construction, les bois, les vins, le blé. La Hollande, la

Belgique et le nord de la France offrent encore aujourd'hui une batellerie florissante ; la Seine, l'Oise
et les canaux du Nord, ont un tonnage annuel qui
s'élève à un million de tonnes, et qui contribue à la
prospérité de l'industrie dans ces riches provinces.
Le type du bateau du Nord est remarquable par son
élégance, son volume et ses aménagements intérieurs. C'est la maison flottante du batelier et de sa
famille. On y retrouve presque toujours la trace du
sentiment du *home*, si familier aux peuples du Nord,
et qui suffit pour tout embellir autour de lui.

La traction directe, par un cheval qui hale le bateau de la rive, ou la propulsion au moyen des
rames, des aubes ou de l'hélice, sont, sur les rivières, les principaux moyens locomoteurs. Il en est
un autre qui tend à se développer, et dont on peut
voir déjà de nombreuses applications sur nos rivières et même sur quelques-uns de nos canaux.
C'est le *touage* sur chaîne noyée. Un bateau spécial,
dit bateau-toueur, porte une machine à vapeur, qui
donne le mouvement à deux cylindres sur lesquels
vient s'enrouler une chaîne métallique ; cette chaîne
est attachée par ses deux extrémités en deux points
de la rivière, l'un en amont, l'autre en aval. Son
poids la fixe au fond du lit sur la plus grande partie
de sa longueur ; elle passe par-dessus le pont du bateau-toueur, et s'y enroule plusieurs fois sur la paire
de rouleaux. Elle plonge à l'avant et à l'arrière du
bateau, et va de chaque côté se raccorder aux parties
qui reposent au fond de la rivière. Qu'on fasse tourner les cylindres dans le sens convenable, la chaîne

se tend du côté d'amont et devient plus lâche du côté d'aval ; le bateau cède à l'excès de la tension développée à l'avant, et il remonte le courant. On obtient l'effet contraire en changeant le sens de la rotation. Le toueur s'avance ainsi dans un sens ou dans l'autre, en soulevant graduellement la chaîne par devant, et en la laissant retomber derrière lui. L'adhérence développée par la chaîne au contact du sol sur lequel elle repose, ne permet pas à l'effort exercé par le bateau de se transmettre très-loin en avant, de sorte que tout se passe à peu près comme si, pour faire avancer le bâtiment, l'équipage ou la machine tirait sur une chaîne attachée à un point résistant pris dans le fond du lit. En général, le toueur ne porte pas de marchandises ; il sert de *remorqueur* pour un convoi de bateaux, comme la locomotive sert à la traction d'un convoi de wagons.

Le touage sur chaîne noyée exige qu'une chaîne ait été préalablement fixée au fond de la rivière. Une petite partie de cette chaîne est seule utilisée à chaque instant pour offrir le point d'appui nécessaire à la locomotion. Cette remarque a conduit certains inventeurs, et en dernier lieu M. Beau de Rochas, à substituer au touage sur chaîne noyée un *touage par adhérence*, dans lequel une *chaîne sans fin*, passant sous le bateau, remplacerait la chaîne étendue au fond du lit dans toute la longueur à parcourir. Le contact de la chaîne avec le sol, limité à une longueur un peu moindre que celle du bateau, suffirait pour développer l'adhérence nécessaire. La traction se ferait alors par le brin d'arrière ; le brin d'avant

tomberait librement dans l'eau. Le bateau muni de
sa chaîne serait maître de choisir sa route, et les variations de profondeur, pourvu qu'elles fussent com-
prises entre des limites suffisamment étroites, n'ap-
porteraient aucune entrave à sa marche. M Beau de
Rochas a même indiqué le parti qu'on pourrait tirer
du courant d'un fleuve pour mettre en mouvement la
machine de son toueur, et pour lui faire remonter
la rivière. Ce système, dit *système aquamoteur*, proposé depuis longtemps, paraît jusqu'ici peu pratique,
et l'on n'en a pas encore surmonté la principale
difficulté : il faut en effet, pour rendre possible cette
méthode, augmenter démesurément la surface des
organes qui reçoivent l'action du courant, et restreindre le plus possible les dimensions transversales
du bateau, qui augmentent la résistance à la marche.
La capacité du bateau décroît en conséquence.

Les perfectionnements successifs du matériel mobile exigent des perfectionnements correspondants
dans les cours d'eau que ce matériel est appelé à parcourir. Le volume croissant des bateaux a forcé d'accroître le tirant d'eau des rivières. Pour cela on les
barre de distance en distance, et on les fractionne
en *biefs*, qui présentent comme les marches successives d'un escalier. Pour faire passer le bateau
de l'une de ces marches à l'autre, on se sert de l'é-
cluse à sas, appareil très-simple et très-ingénieux,
que Léonard de Vinci, dit-on, apporta d'Italie en
France, et qui a singulièrement développé la navigation intérieure. L'écluse est une chambre fermée par
deux portes; par l'une elle communique au bief le

plus haut, par l'autre au bief le plus bas. On peut,
au moyen de ventelles qu'on ouvre ou qu'on ferme à
volonté, amener l'eau dans l'écluse au même niveau
que dans l'un ou l'autre des biefs voisins. Une fois
ce niveau établi, on ouvre la porte sans effort et on
fait entrer le bateau dans le sas ; puis on referme la
porte, et on remplit ou on vide le sas jusqu'au niveau
du second bief ; enfin on fait entrer le bateau dans ce
second bief en ouvrant la seconde porte, dès que le
niveau commun est de nouveau établi. On remar-
quera l'analogie de ce système avec celui des *monte-
charges*. Les mouvements s'exécutent dans les deux
cas par une simple dépense d'eau. Un bateau qui
passe une écluse, tire une *éclusée* du bief le plus
haut, soit qu'il monte, soit qu'il descende. Des systèmes plus ou moins ingénieux ont été proposés
pour économiser une partie de cette eau perdue.
Remarquons, en passant, l'inconvénient des *écluses
accolées* : on les multipliait autrefois dans nos canaux
comme un bel ensemble architectural, auquel on donnait le nom pompeux d'*escalier de Neptune*. Un escalier de Neptune est un système déplorable comme
dépense d'eau et de temps. Il est sans grand inconvénient pour un bateau qui descend ; car ce bateau
marche alors de conserve, pour ainsi dire, avec le volume d'eau introduit successivement dans les écluses.
Mais, à la remonte, il faut d'abord remplir l'écluse
inférieure, puis successivement toutes les autres, en
remontant toujours, ce qui revient à emprunter au
bief le plus élevé la totalité de l'eau nécessaire pour
remplir à la fois tous les sas accolés.

Pour certaines rivières, et dans certaines parties du cours de plusieurs autres, on a ouvert à la navigation un lit spécial, en construisant un *canal latéral* qui suit la même vallée. Le canal latéral a l'avantage de rendre le halage plus facile, de supprimer les dangers ou les inconvénients d'un courant rapide, de placer la navigation à l'abri des crues qui l'interrompent ; enfin, pour les rivières torrentielles comme la Loire, d'assurer une profondeur constante à la navigation, qui trouverait un tirant d'eau insignifiant pendant les périodes de sécheresse.

L'invention des écluses n'a pas seulement fourni un moyen d'améliorer la navigation d'une rivière ; elle a encore permis de franchir les limites naturelles d'un bassin, et de faire passer les bateaux d'une rivière dans une autre. C'est à ce résultat qu'on parvient en construisant un *canal à point de partage*. En réalité, un canal à point de partage est une sorte d'échelle double ; les *biefs* successifs, séparés les uns des autres par des écluses, en figurent les divers échelons. Au sommet de l'échelle, on trouve le *bief de partage* qui occupe le point le plus déprimé de la ligne de faîte, et auquel on doit assurer des moyens suffisants d'alimentation. Il doit donc être dominé soit par des étangs, soit par des cours d'eau fournissant la quantité d'eau nécessaire ; dans d'autres cas, c'est avec des machines qu'on y fait monter l'eau d'alimentation prise à un niveau inférieur. Un bateau qui traverse le canal monte donc d'écluse en écluse jusqu'au bief de partage, puis il redescend l'autre versant ; l'écoulement d'un certain volume d'eau suffit pour opérer ces changements de hauteur.

C'est sous le règne de Henri IV qu'on songea pour la première fois à unir par des canaux à point de partage les bassins de nos principaux fleuves. Trois projets furent mis en avant à cette époque : l'un consistait à joindre la Seine à la Loire, un autre à joindre la Loire à la Saône, un troisième à réunir la Garonne à l'Aude, et à faire ainsi communiquer les deux mers. De ces trois projets, le premier seul fut exécuté : le canal de Briare, commencé sous Henri IV, achevé sous Louis XIII, réunit la Loire au Loing, affluent de la Seine. Sous le règne de Louis XIV, Pierre-Paul de Riquet, seigneur de Bon-Repos, offrit à Colbert de se charger de la jonction de la Garonne à l'Aude, et du prolongement de cette voie jusqu'à Cette. Commencé en 1667, le canal du Languedoc ne fut terminé qu'en 1681, non sans des difficultés de tous genres. Riquet mourut un an avant l'achèvement de son œuvre. Un second canal date du même règne, le canal d'Orléans, qui réunit par une seconde branche le canal de Briare à la Loire. Aujourd'hui, on a à peu près réalisé en France, en fait de canaux à point de partage, toutes les combinaisons praticables. L'Escaut est uni à la Somme par le *canal de Saint-Quentin*; la Somme est unie à l'Oise, et celle-ci à la Sambre ; l'Aisne à la Meuse par le *canal des Ardennes*; l'Aisne à la Marne ; la Marne au Rhin par-dessus les vallées de la Meuse, de la Moselle, de la Meurthe et de la Sarre ; l'Yonne à la Saône par le *canal de Bourgogne*; le Rhin au Doubs, par le *canal du Rhône au Rhin*; le Rhône à la Loire par le *canal du Centre*; la Loire à l'Yonne; par le *canal du Nivernais*, la Loire au Cher par le *canal du Berry*. Le canal de Nantes à Brest, qui traverse la Bretagne, assure l'approvisionnement des ports militaires de Brest et de Lorient, par des communications intérieures. Les canaux de Narbonne et de Beaucaire prolongent le canal du Languedoc jusqu'au Rhône. Tels sont les traits principaux du réseau français. Les modifications apportées à notre frontière de l'Est après la guerre de 1870-71, en nous faisant perdre les canaux de la Lorraine et de l'Alsace, nous forcent aujourd'hui d'ajouter à ce réseau une nouvelle voie navigable, réunissant les vallées de la Meuse et de la Saône à ce qui nous reste de la vallée de la Moselle.

Le canal du Languedoc, maintenant complété d'un côté par le canal latéral à la Garonne, de l'autre par les canaux du littoral, met en communication par eau l'Océan et la Méditerranée ; mais c'est une voie navigable à petite section, accessible aux bateaux et non aux navires. Il en est de même des canaux allemands qui joignent le Rhin avec le Danube, et des canaux russes qui réunissent la Néva au Volga et la Baltique à la Caspienne. Le *canal de Suez*, commencé en 1858, ouvert en 1869, est au contraire un canal sans pente, sans écluse, qui ouvre à la navigation maritime un passage de la Méditerranée dans la mer Rouge. Le succès tout récent de cette entreprise est appelé probablement à produire dans le commerce du monde une grande révolution, et à rendre au bassin de la Méditerranée une partie au moins de la prépondérance commerciale que ses ports ont perdue depuis le seizième siècle, par suite des découvertes

lointaines et du développement. de la grande navigation.

Le commerce maritime a largement profité, lui
aussi, des perfectionnements de la mécanique. On a
réduit les résistances à la marche des bâtiments, on
a augmenté leur tonnage, on leur a appliqué de nouvelles forces propulsives ; la marine d'aujourd'hui a
acquis une puissance commerciale incomparablement plus grande que celle qu'elle possédait dans
les siècles précédents. Parallèlement à ces améliorations, on a perfectionné les dispositions prises pour
recevoir les bâtiments à leur arrivée, pour faciliter
leur départ, et pour assurer leurs rapports avec
l'intérieur des terres. En d'autres termes, on a beaucoup amélioré les ports.

Les *ports* sont avant tout des abris naturels répar-
tis le long d'une côte. Tantôt c'est un golfe défendu
latéralement par deux promontoires, et au fond duquel les bâtiments trouvent une mer relativement
calme et suffisamment profonde. Que cette rade soit
bien orientée, qu'elle soit préservée des coups de
vent par les montagnes voisines, et il y aura bien
peu à faire pour y établir un port excellent. Il
suffira d'y construire des quais pour que les navires
puissent accoster, prendre et laisser leurs char-
gements, et d'élever des magasins pour faciliter
le mouvement et le classement des marchandises.
Si, au contraire, la rade naturelle est exposée à des
vents de tempête, il faudra protéger le port par une
digue derrière laquelle l'eau puisse conserver du
calme. Ailleurs la rade est fermée ; on n'y pénètre

14

que par un goulet plus ou moins étroit. Enfin les
embouchures de rivière-forment une autre classe de
ports, unique ressource des contrées extrêmement
basses, où les plages se prolongent en pente douce
jusqu'à une grande distance du rivage. Voilà les
éléments naturels d'un port. Mais, à côté de ces conditions principales, il y en a beaucoup d'autres que la
civilisation a rendues presque aussi nécessaires.

Il faut des *jetées* pour aider à la sortie des navires
par tous les vents ; il faut des fanaux pour baliser la
passe, des *bouées* pour signaler les écueils, des appareils de sauvetage pour porter secours aux naufragés,
des *phares* pour aider les bâtiments venant du large
à reconnaître la côte, des *sémaphores* pour échanger
avec eux des dépêches, et leur transmettre d'utiles
avis. Dans un port à marée, les bâtiments seraient
deux fois par jour laissés à sec par le retrait de la
mer. Lorsque le fond est mou, si par exemple il est
composé de vase, le navire s'y enfonce sans souffrir
aucun dommage ; mais les rapports avec le quai sont
incessamment modifiés par ces variations de niveau,
et les opérations du chargement et du déchargement
sont rendues plus longues et plus difficiles (fig. 60).
Outre le *port d'échouage*, qui ne convient guère
qu'aux pêcheurs et aux bateaux-pilotes, on crée donc
pour les grands ports des *bassins à flot*, qu'on n'ouvre qu'à la haute mer, et qu'on ferme une fois les
navires introduits. Cette manœuvre se fait au moyen
d'une écluse. Le navire trouve dans le bassin à flot un
niveau constant. On le charge, on le décharge ; des
docks ou *magasins*, placés autour du bassin, servent

Fig. 60. — Grue à vapeur.

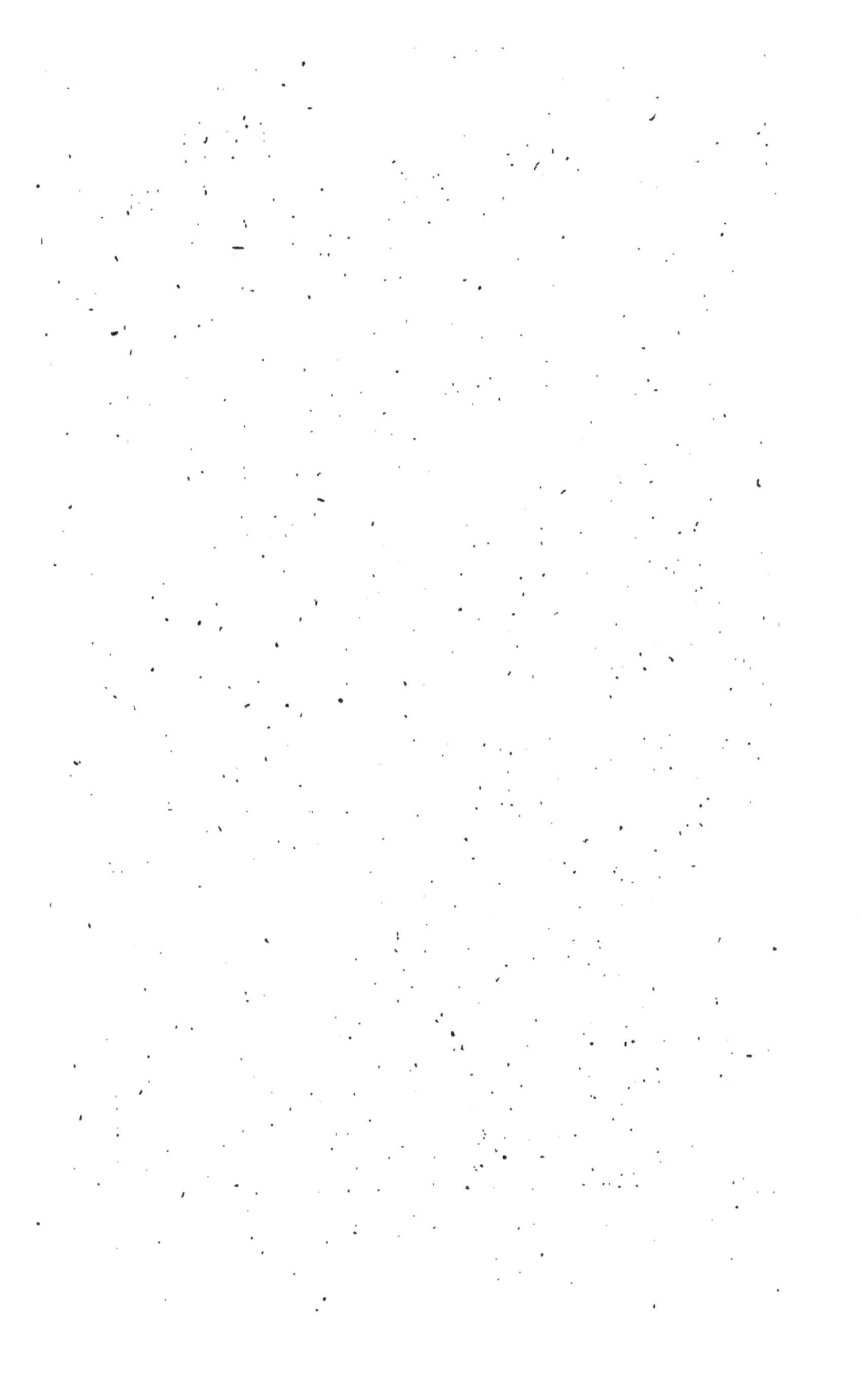

à entreposer la marchandise, à assurer des charge-
ments aux navires, à faciliter et à abréger les transs-
actions commerciales, et en définitive à réduire le
prix du fret.

Des *chantiers de construction*, placés sur des plans
inclinés qui aboutissent à la mer, servent à former la
coque des navires. Une fois lancé, le bâtiment est
achevé intérieurement; on y place les mâts au moyen
de la *machine à mâter*, enfin on en achève le grée-
ment, sans oublier de régler ses boussoles. Un bâtiment revient-il d'un long voyage, ou a-t-il fait un
service prolongé pendant plusieurs années, on l'*abat
en carène* pour le visiter et en réparer le doublage;
ou bien on le fait entrer dans une *forme de radoub*,
sorte de bassin qu'on ferme et qu'on épuise, et où la
réparation du bâtiment n'est plus qu'une question de
charpenterie ou de ferronnerie ordinaire. D'autres fois
encore, on fait entrer le navire à réparer dans un
dock flottant, sorte de caisse en tôle dont on complète
les parois latérales après l'introduction du bâtiment,
et qu'on épuise ensuite, de manière à soulever l'ensemble du système et à amener le navire au-dessus
du niveau de l'eau.

Pour assurer les communications entre les diverses
parties du port, des ponts sont jetés sur les pertuis
qui réunissent les uns aux autres les divers bassins
à flot, et le peu de relief du sol, comparé à la hauteur des mâts des navires, exige en général l'emploi
de ponts mobiles, soit des *pont-levis*, soit des ponts
tournants, solution qu'on préfère aujourd'hui. Des
réservoirs et des *écluses de chasse* servent à entre-

tenir la profondeur du chenal et de l'avant-port. Cette nomenclature suffit pour faire pressentir l'importance et la complexité des questions qu'entraîne la création d'un grand port de commerce.

Prenons pour exemple notre plus grand port de la Manche, le Havre ; les premiers établissements maritimes y datent du règne de François Ier. Ils consistaient simplement en des jetées rudimentaires, avec des quais le long du port d'échouage, et quelques ouvrages pour défendre la ville. En 1780, un plan du Havre nous montre déjà les jetées prolongées vers le large, un bassin à flot, appelé encore aujourd'hui le Bassin du roi, et des retenues pour les chasses. En 1787 on y ajoute deux bassins à flot ; nous en trouvons encore quatre nouveaux en 1863, avec des améliorations importantes pour l'entrée du port, et avec la suppression de l'enceinte fortifiée qui empêchait l'agrandissement de la ville.

Le développement de Marseille, notre plus grand port de la Méditerranée, a été dans ces derniers temps tout aussi rapide. L'antique cité phocéenne, qui date de 600 ans avant J.-C., n'avait jamais eu qu'un port assez restreint, s'enfonçant dans la ville, et où les navires, serrés les uns contre les autres, n'accèdent au quai que par le bout. Il n'y avait nul besoin de bassin à flot sur une mer qui n'a pas de marée. On y a créé, il n'y a pas 30 ans, de nouveaux bassins, en construisant au large des jetées en blocs artificiels. Aujourd'hui on trouve à Marseille quatre bassins communiquant les uns avec les autres, protégés par des jetées contre l'agitation extérieure des flots, et en rapport direct avec les docks et avec le réseau des chemins de fer.

Qu'après les ports du Havre et de Marseille, l'un ouvert sur la Manche, l'autre sur la Méditerranée, on aille visiter des ports en rivière, tels que Nantes sur la Loire et Bordeaux sur la Garonne, puis les ports militaires, tels que Brest et Toulon, on aura les principaux types de nos établissements maritimes. C'est de là que rayonnent, grâce à la vapeur, les lignes régulières qui mettent la France en communication avec le monde entier.

Passons aux routes de terre. Nous en trouverons deux espèces principales : les routes proprement dites et les chemins de fer.

A peu d'exceptions près, le réseau des principales routes en France date du siècle dernier. Mais il a reçu de notables perfectionnements dans ce siècle-ci, comme tracé, comme entretien, et enfin comme étendue.

Les anciens ingénieurs qui tracèrent les routes étudiaient peu le terrain qu'elles devaient franchir. L'ordonnance royale qui prescrivait l'ouverture d'une nouvelle voie, déterminait en même temps d'une manière stricte la position à lui donner. C'était généralement une série de lignes droites menées du clocher d'un village au clocher du village suivant, sans égard aux mouvements du terrain. De là ces côtes d'une longueur désespérante, qui créaient un véritable danger à la descente, et qui à la montée exigeaient des attelages les plus rudes efforts. Aujourd'hui, on a adouci par des changements de tracé les côtes les plus longues et les plus dangereuses. C'est dans les pays de montagnes qu'on a d'abord étudié cet art du tracé, parce que le relief du terrain y commande plus spécialement une telle étude. Puis, on a reconnu que les pays de plaines, toujours plus ou moins ravinés, se prêtent à un travail semblable, et qu'il est possible d'améliorer notablement une voie de transport, en l'appropriant avec intelligence aux formes du terrain qu'elle est appelée à franchir. Le grand art de l'ingénieur consiste à suivre les versants au lieu de croiser les dépressions, à faire passer son tracé aux points les plus bas des lignes de faîte, enfin à proportionner le développement horizontal de la route à la quantité dont elle doit s'élever verticalement. Cette dernière considération conduit dans les montagnes à adopter les *tracés en lacets*, au moyen desquels on peut gravir par des pentes adoucies les étages successifs d'une vallée ; les routes du Mont-Cenis, du Saint-Bernard, du Simplon, du Saint-Gothard, du Splugen, etc., en renferment des exemples bien connus des touristes et des voyageurs.

Au point de vue de l'entretien, la principale amélioration des routes a consisté à remplacer par un empierrement constamment réparé ces chaussées en gros blocs, construites une fois pour toutes et abandonnées ensuite à elles-mêmes d'après la tradition des voies romaines. C'est sur la route du Mont Cenis, ouverte au commencement de ce siècle entre la France et l'Italie, que ces procédés ont décidément pris la place des anciennes méthodes. Depuis, ils se sont

répandus à peu près partout, et, sous le nom de l'ingénieur anglais *Mac-Adam*, ils sont maintenant universellement connus.

L'entretien des routes comprend aussi le balayage
et l'enlèvement des boues, opérations qui se font aujourd'hui à la machine (fig. 61).

Fig. 61. — Balayeuse mécanique.

Enfin, le réseau des voies de terre s'est considéra-
blement accru ; après les *routes nationales* et les
routes départementales, sont venues, dès le règne de
Louis-Philippe, l'ouverture et la mise en état d'un
grand nombre de *chemins vicinaux*, qui ont atteint
dans presque tous les départements un état de viabilité
très-satisfaisant. Autrefois les chemins impraticables

étaient la règle ; ils ne forment plus maintenant qu'une exception. Il serait difficile d'évaluer le bienfait d'une telle transformation, si essentielle à la prospérité de l'industrie et de l'agriculture.

Au nombre des améliorations du réseau des routes, nous devons citer, et en première ligne, les *ponts* jetés sur les rivières. Jusqu'au douzième siècle, il ne paraît pas que nous ayons construit sur les cours d'eau autre chose que des ponts en bois, qui souvent étaient emportés par les crues ; on trouvait cependant dans le Midi certains ponts romains, monuments qui datent pour la plupart du premier siècle de notre ère, et où l'on peut encore admirer l'habileté et la hardiesse des anciens ingénieurs. Le *pont du Gard* en est l'exemple le plus remarquable ; il est vrai que ce n'était pas un pont proprement dit, mais bien un aqueduc franchissant la vallée du Gardon, et destiné à amener des eaux à Nîmes. Le pont-route qu'on y voit accolé date seulement du commencement du dix-septième siècle. A part ces exemples, les Romains ne nous ont rien laissé. Les grands fleuves, pendant la première partie du moyen âge, étaient traversés en bateaux ou sur radeaux flottants, les petites rivières étaient franchies à gué quand l'état des eaux le permettait : on juge combien, dans de telles conditions, les communications devaient être précaires. Les membres de la confrérie religieuse des *frères Pontifes* furent les premiers qui construisirent des ponts en pierre en France et en Allemagne ; c'est à eux qu'on doit le *pont Saint-Esprit* sur le Rhône, le *pont Notre-Dame* à Paris. Ce dernier est du quinzième siècle. Depuis, les

ponts ont été multipliés à profusion sous les règnes
de Louis XV, de Louis XVI et de Napoléon ; les noms
de Perronnet, de Cessart, de Regemorte, de Lamandé,
ont acquis dans cette carrière une grande célébrité.
Enfin on a fait tant de ponts et dans tant de systèmes, ponts suspendus, ponts en fer, ponts en tôle,
ponts en fonte, que la fabrication en passe maintenant tout à fait inaperçue, et que le public en use et
en profite comme de toute autre chose, sans éprouver la moindre reconnaissance envers ceux dont l'industrie lui vaut les avantages dont il jouit.

Parallèlement à l'extension et aux perfectionnements des voies de communication, on doit signaler
les perfectionnements des transports qui en font
usage.

Les personnes qui ont vu le commencement de ce
siècle, se rappellent ce qu'était alors un voyage en
France. On mettait huit jours à faire une centaine
de lieues. La *diligence*, notable perfectionnement par
rapport aux habitudes antérieures, était toujours
traînée par les mêmes chevaux, conduits par le
même cocher ; on s'arrêtait toutes les nuits pour
reposer l'attelage. Les voyageurs montaient toutes
les côtes à pied ; sans aller précisément au pas, on
n'atteignait jamais en marche de bien grandes vitesses. La transformation capitale de ces procédés
vieux a consisté à introduire des relais sur les
routes, et à faire tirer la voiture par des chevaux
fréquemment renouvelés, auxquels on pût demander une belle allure. Les diligences sont arrivées par
là à faire en un jour le parcours qu'elles faisaient

précédemment en trois. Les *malles-postes*, voitures légères, attelées de chevaux de choix, réduisaient encore ce temps d'un tiers environ, et offraient aux voyageurs un mode de transport des plus agréables et des plus rapides. Mais les chemins de fer sont venus supprimer toutes ces belles entreprises ; ils satisfont beaucoup mieux notre désir d'arriver promptement, et excitent d'autant plus notre impatience et notre désir d'aller encore plus vite.

Même progrès pour le transport des marchandises. Après le *roulage ordinaire*, qui parcourait les routes le jour à petite vitesse, est venu le *roulage accéléré*, marchant jour et nuit, et changeant de chevaux à certains relais ; puis le roulage au trot, ou transport de messageries, qui s'est fondu dans les transports par chemins de fer. La route, autrefois affectée aux grands voyages, tend aujourd'hui de plus en plus à restreindre son service aux besoins locaux et aux transports à petites distances. Elle s'emploie pour les mouvements des denrées agricoles, entre la ferme, la fabrique, le marché, la station du chemin de fer, ou le port d'embarquement : cela suffit amplement à justifier l'importance qu'on lui attribue, et les dépenses qu'elle occasionne.

On pourrait, sans se tromper beaucoup, apprécier le niveau d'un pays par l'activité des communications postales entre ses diverses parties. Sans remonter à l'antiquité, et aux différents essais tentés à diverses époques pour établir entre des points éloignés l'échange continu des correspondances, nous voyons Charlemagne, reprenant les traditions de l'empire romain, instituer des messagers réguliers pour porter ses dépêches le long des principales routes de ses vastes États. Comme beaucoup des institutions de Charlemagne, la poste aux lettres ne vécut pas beaucoup plus que lui, et on n'en retrouve plus trace sous ses successeurs. Alors les lettres s'échangeaient par des messagers spéciaux, analogues aux courriers qui portent encore aujourd'hui d'un gouvernement à un autre les dépêches diplomatiques, ou bien on profitait d'une occasion ; les messagers de l'Université de Paris furent pendant longtemps les agents officieux de la correspondance entre Paris et les provinces environnantes. Pour retrouver la trace d'un service régulier, il faut aller jusqu'à Louis XI, qui créa en 1464 la poste aux chevaux pour le transport de ses dépêches particulières, et finit par en tolérer l'emploi pour le transport des lettres privées. Depuis, le service des postes n'a fait que se développer, surtout de notre temps, par la création du service rural qui pénètre jusque dans les hameaux les plus reculés, et par l'adoption d'un tarif bas et uniforme, qui a provoqué une immense multiplication des lettres échangées d'un point à l'autre. Tous les États d'Europe et d'Amérique, et toutes leurs colonies, ont suivi la même marche, de sorte qu'aujourd'hui il n'y a pas un seul coin du monde civilisé où l'on ne trouve un service tout organisé, prêt à se charger de la lettre qu'on vient d'écrire, et prêt à distribuer celle qu'on doit recevoir.

Certains essais spéciaux se rattachent aux routes et doivent être indiqués ici.

Le *traînage* sur la neige est la ressource d'hiver des contrées du Nord et des pays de montagnes. En Hollande, on le fait sur la glace des canaux; en Russie, on l'installe plus volontiers sur les chaussées et sur les chemins de sable. Dans les Alpes, certains passages permettent aux voyageurs d'employer, l'hiver, le procédé de la *ramasse*, qui consiste à se laisser glisser du haut en bas du versant d'un contre-fort.

Fig. 62. — Locomotive Lotz circulant sur les routes.

Les chemins des *schlitt* dans les forêts d'Alsace sont des routes à fortes pentes, garnies de pièces de bois transversales également espacées, sur lesquelles les traîneaux chargés de bois glissent sans effort, et qui fournissent des moyens d'arrêt au conducteur.

On a essayé sur les routes les *voitures à vapeur*, mais jusqu'à présent cette application n'a pas sérieusement pénétré dans la pratique. La figure 62 en montre un spécimen.

Le *rouleau à vapeur*, destiné à comprimer les

chaussées, est au contraire une machine très-utile.
Il marche lentement et amène en peu de temps
la surface de la chaussée à une régularité parfaite.

Enfin, le *vélocipède* est aussi un essai tout récent
de transport sur les chaussées. Les inconvénients
en sont nombreux. Le vélocipède n'a pas de stabilité
au repos; il exige de grands efforts des jambes, et
dans des directions où elles ne sont pas appelées
naturellement à les produire; il ne se prête pas à
l'ascension d'une longue rampe un peu roide. En
un mot, c'est un jouet plutôt qu'une machine.

Les *chemins de fer* sont la création capitale de l'é-
poque contemporaine. Un chemin de fer n'est autre
chose qu'une route perfectionnée. Au lieu de laisser les véhicules libres d'infléchir leur chemin à
droite et à gauche sur la surface de la chaussée, on
les assujettit à parcourir un voie rigide, formée par
deux rails continus; cette voie amoindrit la résistance
au roulement, et fournit en même temps un point
d'appui solide à la roue de la locomotive. Par cela
même qu'un chemin de fer est une route perfectionnée, et que la résistance y est faible, le tracé en est
soumis à des conditions plus étroites que celui d'une
route ordinaire. Les inclinaisons y sont en général
plus douces et les courbes y ont de plus grands
rayons. Dans ces conditions, on a pu doubler ou tri-
pler les vitesses sans augmenter les chances d'accident. Car, on ne saurait trop le répéter, les accidents
de chemins de fer sont extrêmement rares, et ils dis-

paraissent même complétement dans la masse, si l'on a égard à l'immense circulation qui s'opère chaque jour sans encombre sur toute l'étendue des réseaux exploités.

Un chemin de fer est une machine très-complexe, dont toutes les parties doivent être surveillées avec le plus grand soin, et constamment maintenues dans un état parfait d'entretien. Nous renverrons, pour l'étude détaillée de ces divers organes, au beau travail de M. Guillemin sur ce sujet. Contentons-nous ici du regard d'ensemble qui rentre plutôt dans notre programme. Nous trouvons d'abord dans un chemin de fer : *une route* avec ses terrassements, ses travaux d'art, ponts, passages à niveau, viaducs, tunnels ; c'est ce qu'on appelle l'*infrastructure*; puis une *voie*, formée de rails en fer ou en acier, de traverses, de ballast, avec ses accessoires, changements de voie et plaques tournantes ; des *bâtiments* pour les stations, avec des remises pour le matériel, avec des appareils d'alimentation, des dépôts de combustible, et le réseau de voies nécessaire à la formation et au remaniement des trains ; la voie et les bâtiments constituent la *superstructure;* des *signaux* fixes, disques, sémaphores, appareils divers pour maintenir entre les trains successifs l'intervalle qui assure la sécurité de la marche ; un *télégraphe,* pour correspondre d'un point à l'autre de la ligne ; enfin un *matériel roulant*, comprenant deux grandes divisions, le matériel destiné à la traction, locomotives et tenders, et le matériel traîné, voitures à voyageurs, wagons à marchandises, à chevaux, à bes-

tiaux, plates-formes, etc. Le personnel présente tout
autant de variétés. En laissant de côté l'état-major
de la ligne, directeurs, administrateurs, et tout le
département qui s'occupe spécialement des finances
de l'entreprise, on peut partager le personnel d'une
compagnie de chemin de fer entre plusieurs classes :
*exploitation, mouvement, matériel et traction, service
commercial, entretien et surveillance de la voie*, etc.
Une entreprise de chemin de fer absorbe un énorme
capital et exige des dépenses annuelles très-considérables, tant pour le personnel que pour le matériel.
Aussi la prospérité d'une telle entreprise suppose
une certaine extension du réseau à exploiter, qui per-
mette de réduire les frais généraux à une faible proportion. Tout dépend d'ailleurs des contrées traversées.
Une grande artère du mouvement général européen
est sûre d'une circulation abondante et rémunéra-
trice ; tel réseau voit ses produits s'accroître chaque
année, parce qu'il parcourt un pays industrieux et
riche ; tel autre fait à peine ses frais, parce qu'il
pénètre dans des pays montagneux et pauvres, où
l'exploitation coûte cher et où les profits sont res-
treints. Certains chemins de fer répondent seulement
à des exigences périodiques, dans l'intervalle desquelles ils ont une morte saison plus ou moins prolongée : tels sont les chemins de montagne parcourus
l'été par les touristes, ou encore les chemins qui
amènent à un lieu de pèlerinage une foule de fidèles
à certaines époques de l'année.

Qu'on ne s'étonne donc pas du groupement suc-
cessif des lignes qui, dans la plupart des pays, et

15

notamment en France, a conduit à créer pour l'exploitation du réseau un petit nombre de compagnies riches et fortement organisées. C'est par ce moyen qu'on a pu embrancher sur les lignes principales un grand nombre de lignes secondaires qui rendent des services aux populations, et qu'on aurait indéfiniment ajournées si elles avaient dû vivre exclusivement sur leurs produits.

D'ailleurs les lignes ne sont pas bonnes ou mauvaises d'une manière absolue et définitive. Une ligne mauvaise aujourd'hui, peut devenir excellente dans quelques années, par le seul fait du développement de la richesse publique, et la création prématurée de certains embranchements peu rémunérateurs à l'origine se trouve parfois pleinement justifiée un peu plus tard par l'extension du commerce et de l'industrie dans le pays traversé, et par l'accroissement des recettes qui en est la conséquence nécessaire.

Nous pouvons nous rendre compte de l'importance de l'industrie des chemins de fer en France, en examinant les chiffres suivants.

En 1830, nous n'avions point de chemins de fer, à part certains petits chemins d'exploitation de mines. Les chemins d'Andresieux à Roanne, de Paris à Saint-Germain, de Paris à Versailles, de Paris à Orléans, de Strasbourg à Bâle, sont les premiers construits et exploités sur le territoire français. En 1842, les Chambres votèrent une loi qui fixait d'une manière générale le tracé d'un premier réseau. Franchissons une trentaine d'années, et nous trouvons, dans le cou-

rant de cette malheureuse année 1871, défalcation
faite des 835 kilomètres de chemins de fer de la
Lorraine-Alsace, cédés à l'Allemagne par le traité de
Francfort,

17,240 kilomètres de lignes exploitées ;
4,688 kilomètres de lignes en construction ;
576 kilomètres de lignes concédées éven-
tuellement ;
et 907 kilomètres de lignes non concédées,
mais déclarées d'utilité publique ;

Ce qui porte le réseau total à une longueur de
23,411 kilomètres.

A la fin de 1869, le capital dépensé pour la construction du réseau, sous déduction des fonds affé-
rents aux parties abandonnées depuis, montait à la
somme de 8 milliards 224 millions de francs.

Le réseau est réparti entre six grandes compagnies
et une vingtaine de petites. Les six grandes compagnies sont :

La compagnie du Nord . . . . 1,826 kilom.
          de l'Est . . . . 3,163 —
          de l'Ouest. . . . . 2,894 —
          d'Orléans . . . . 4,357 —
          de Paris à la Méditerranée. 6,245 —
          du Midi. . . . . 2,565 —

Ce qui représente un total de 21,050 kilom. de
chemins de fer, en exploitation, en construction ou
à construire.

A mesure que le réseau des chemins de fer s'est

étendu, il a fallu satisfaire à des conditions de plus en plus difficiles, et le matériel a dû subir en conséquence de profondes transformations. On a d'abord augmenté graduellement la puissance des locomotives, leur adhérence, leur vitesse de marche. La théorie montre les moyens d'y parvenir. L'adhérence de la roue sur le rail dépend de la portion du poids de la machine qui pèse sur les roues motrices. On l'accroîtra donc en accouplant toutes les roues, de manière à utiliser la totalité du poids. Mais l'adhérence ne constitue pas la force de traction ; elle en est seulement la limite. Pour accroître cette force de traction, il faut élever la pression de la vapeur dans la chaudière, il faut employer de grands cylindres, et faire agir les pistons sur des roues de petit diamètre. Veut-on au contraire accroître la vitesse, il faudra augmenter le diamètre des roues motrices, réduire le volume des cylindres, et accroître la surface de chauffe, pour que la chaudière produise plus de vapeur dans un même intervalle de temps. L'accroissement de la puissance de traction et l'augmentation de l'adhérence ont permis aux locomotives de gravir de plus fortes pentes ; aussi les chemins de fer ont-ils pu être prolongés dans les pays les plus montagneux. Mais les pentes ne sont pas le seul obstacle que l'on rencontre dans ces régions accidentées. Les mouvements du terrain y exigent des courbes plus prononcées que dans les pays de plaine, et il a fallu par conséquent donner au matériel une certaine flexibilité horizontale qu'il était loin de posséder d'abord. Le matériel articulé de M. Arnoux résolvait le

Fig. 65. — Locomotive articulée de M. Rarchaërt.

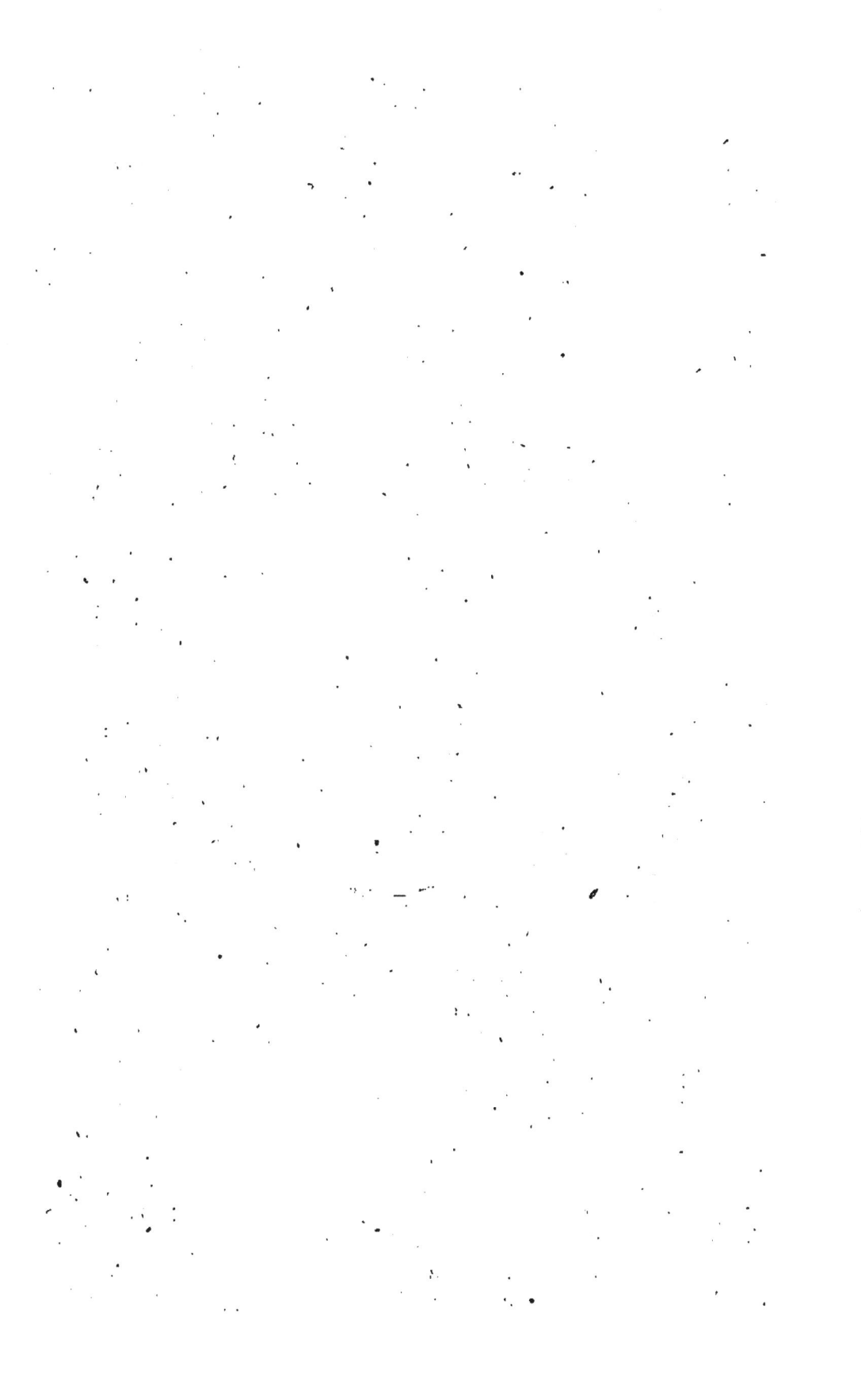

problème d'une manière très-ingénieuse. Depuis, on
a reconnu que les wagons, qu'ils soient du système
américain à chevilles ouvrières, ou du système européen à deux ou trois essieux, ont en général assez
de flexibilité pour passer dans les courbes les plus
roides. Pour la locomotive, au contraire, qui sur les
fortes pentes exige qu'un grand nombre d'essieux
moteurs soient réunis les uns aux autres, il a fallu
recourir à un artifice pour conserver la liaison des
essieux tout en les laissant libres de subir de légères
déviations au passage des courbes. De là des types
particuliers. La figure 63 représente par exemple
une nouvelle locomotive à quatre essieux, qui peut
passer sans résistance dans des courbes de quarante
mètres de rayon. C'est la locomotive de M. Rarchaërt.

On ne doit donc pas être surpris de voir les chemins de fer pénétrer dans des régions où l'on aurait
d'abord cru qu'ils étaient tout à fait impossibles.
Deux chemins de fer traversent déjà les Alpes : l'un,
au Mont-Cenis, l'autre au Brenner dans le Tyrol ; un
troisième, la ligne de Vienne à Trieste, coupe dans
le Semmering et dans le Karst les prolongements
de cette grande chaîne de montagnes. Deux chemins de fer traversent les Apennins : l'un entre
Alexandrie et Gênes, l'autre entre Bologne et Pistoie.
En France, les lignes du Plateau Central parcourent
un pays des plus tourmentés. En Espagne, le réseau franchit avec de fortes pentes les chaines de
montagnes parallèles qui partagent la contrée en
divers bassins. La plus gigantesque entreprise, en
fait de lignes de montagnes, est celle du chemin de

fer du Pacifique, qui rattache San-Francisco aux
rives du Mississipi, à travers le continent américain.
Cette ligne, longue de 2,080 kilomètres, coupe cinq
chaînes successives, atteint au passage de la Sierra-
Nevada l'altitude de 2,148 mètres, et reste sur les
deux tiers de son immense étendue à plus de 1,200
mètres au-dessus du niveau de la mer. Les Américains, aidés par des ouvriers chinois, n'ont mis que
quatre ans à la construire; elle a été livrée à l'exploitation le 10 mai 1869.

On le voit par cet exemple, les chemins de fer ne
sont pas seulement une voie perfectionnée à l'usage
des pays peuplés et riches ; c'est aussi un grand
instrument civilisateur, qui aide l'homme à prendre possession du globe et à mettre en valeur
toutes les parties de son vaste domaine. Ce qui
contribue à donner au chemin de fer ce caractère
universel, c'est la facilité merveilleuse avec laquelle il se plie à toutes les conditions locales, à
toutes les variétés de climat. Un chemin de fer
ne gèle pas l'hiver comme un canal, il n'a ni crues
ni débâcles comme une rivière. Il convient aux
plaines, aux vallées, aux pays de montagnes. En
Russie, l'encombrement des neiges intercepte moins
souvent les chemins de fer que les chaussées. Qu'on
en assure l'alimentation, et le chemin de fer pourra
pénétrer de proche en proche jusqu'au cœur de
l'Afrique. Jamais la civilisation n'a eu un aussi puis-
sant auxiliaire.

Disons aussi un mot des *ballons* et du mode de

transport qu'ils représentent. Les oiseaux nous ont
montré de tout temps qu'on pouvait s'élever dans
l'air, s'y diriger et y parcourir rapidement de grands
espaces. Mais l'oiseau est une des plus grandes merveilles de la mécanique naturelle ; il possède une
grande puissance sous un très-faible poids, alliance
que notre grossière mécanique, est jusqu'ici incapable de réaliser. Aussi, à part quelques essais
récents qui doivent peut-être encourager nos espérances, nous ne savons que nous élever plus, ou
moins haut dans l'atmosphère, et nous abandon-
nons au vent le soin de nous mener où il veut.

Les ballons ont été inventés par les frères Mont-
golfier, en 1783 ; on les remplissait d'abord d'air
chaud, et un foyer toujours allumé était nécessaire
pour entretenir le gonflement de l'appareil. De là des
chances d'accident. On a bientôt remplacé l'air chaud
par le gaz d'éclairage, dont la densité est moindre
que celle de l'air. Le volume des ballons a toujours
été en grossissant, et permet aujourd'hui d'enlever
plusieurs personnes dans la nacelle suspendue au
filet. L'aéronaute emporte avec lui un baromètre,
pour estimer la hauteur à laquelle il parvient. Pour
modifier cette hauteur, il dispose de deux moyens :
s'il veut monter, il jette du lest ; s'il veut descendre,
il entr'ouvre rapidement la soupape placée au sommet de l'appareil. L'étoffe du ballon, soigneusement
gommée au moment du remplissage, subit les influences atmosphériques, les actions de l'humidité
et du soleil : l'enduit ne tarde pas à s'altérer, et le
ballon, abandonné à lui-même, finirait par perdre

son gaz et par regagner lentement la terre. Le jeu
rapide de la soupape produit plus tôt le même
résultat, et permet à l'aéronaute de prendre terre
quand il veut mettre fin à son voyage. Malheur à
celui qui s'aperçoit alors qu'il s'est laissé entraîner
au-dessus de l'Océan !

La vraie difficulté d'un voyage en ballon est tout
entière à la descente. On ne peut choisir l'endroit
du débarquement ; rien n'y est préparé pour recevoir le ballon et ses voyageurs. Le ballon n'a plus
alors une très-grande force ascensionnelle ; il en
retrouve toutefois assez, dans les couches d'air plus
denses qui avoisinent la terre, pour faire des bonds
prodigieux dès qu'il a touché le sol, et pour faire
éprouver aux voyageurs toutes les émotions d'une
course désordonnée à travers mille obstacles. Parfois
un des passagers, plus leste que les autres, se dégage de la nacelle, et se met à l'abri dans le premier arbre qu'il rencontre. Le ballon, allégé de
son poids, remonte tout à coup et recommence ses
sauts de plus belle. Pour enrayer cette course vaga-
bonde, on a recours à un appareil très-simple, le
guide-rope ; c'est une corde suspendue en paquet au
ballon, au moment du départ : elle se déroule instantanément quand on coupe la ficelle qui l'entoure.
C'est au moment où le ballon va toucher qu'il convient de la laisser aller ; elle traîne aussitôt sur le sol,
et agit à la façon d'un frein, en passant à travers les
haies et les clôtures. Une autre corde, entourant tout
le ballon, permet à l'aéronaute de fendre en deux l'enveloppe s'il y a nécessité de produire un arrêt immé-

diat. Enfin, on use aussi quelquefois du *parachute*, sorte de parapluie de grand diamètre, percé à son centre d'une ouverture par laquelle l'air puisse s'échapper ; on l'interpose entre le ballon et la nacelle ; pour descendre, on coupe le lien qui rattache le parachute au ballon. Dès les premiers instants la résistance de l'air agit pour ouvrir le parachute ; elle s'accroît jusqu'à une certaine limite, qui rend la vitesse uniforme, et la nacelle arrive jusqu'à terre sans danger pour ceux qu'elle contient. Quant au ballon, il va se perdre dans les hautes régions de l'atmosphère, d'où il retombe tôt ou tard quand il a achevé de perdre son gaz.

La direction des aérostats est un problème qui a tenté bien des inventeurs ; aucun n'est parvenu jusqu'ici à le résoudre. Les conditions du mouvement volontaire dans l'air sont : faible poids, faible volume, et puissance très-énergique. Or nos machines ont généralement une puissance proportionnée à leur poids ; de plus, il faut, pour soutenir en l'air une machine pesante, employer des ballons de très-grand volume, qui donnent à l'air une énorme prise. Le vent devient ainsi toujours prépondérant, et la machine s'épuise en vains efforts pour lutter contre une force irrésistible. M. Dupuy de Lôme a réussi cependant, en adaptant à un ballon de forme allongée, des ailes mises en mouvement par des hommes, à gagner quelque chose sur le vent, et à appuyer à droite ou à gauche, ce qui permettrait à l'aéronaute d'influer dans une certaine mesure sur la route que le vent tend à lui faire suivre. Mais combien peu l'on gagne ainsi, et au prix de quel travail ! Le mieux est encore d'étudier les courants atmosphériques, et de confier son voyage à celui dont la direction paraît favorable.

Les ballons ont été très-utiles à la science en donnant un moyen facile d'étudier la composition de l'air atmosphérique à diverses hauteurs et de faire certaines observations spéciales. On connaît la célèbre ascension de Gay-Lussac, en 1804, et celle de MM. Coxwell et Glaisher, en 1862 ; la première a été poussée jusqu'à 7,000 mètres de hauteur, la seconde jusqu'à 10,460 mètres, c'est-à-dire à 2,000 mètres au-dessus des plus hautes montagnes du globe. On a essayé aussi, en 1793, d'employer à la guerre les ballons captifs pour aider aux reconnaissances. Tout le monde sait qu'un poste d'observation de cette nature fut établi par l'armée française à Fleurus, le 26 mai 1794. L'essai ne paraît pas avoir réussi, car il ne fut pas renouvelé, et personne n'imita l'exemple donné ce jour-là par l'armée de Jourdan.

C'est pendant le dernier siège de Paris que les ballons ont rendu à la ville assiégée, et à la France entière, les plus signalés services. Grâce à eux, les communications n'ont jamais été interrompues entre Paris et la province, et la plupart des lettres expédiées de Paris sont arrivées à destination en franchissant à travers les airs les lignes d'investissement. Quelques-uns des ballons sont tombés trop tôt et ont été pris par l'ennemi, d'autres se sont perdus en mer, un seul a été touché par les balles. La hauteur à laquelle ils franchissaient les lignes prussiennes, en

faussant toutes les conditions du tir, les préservait à
cet égard de tout danger réel, lors même que la
portée des armes eût permis de les atteindre. Malheureusement, on ne pouvait employer les ballons pour
forcer le blocus dans l'autre sens, car personne ne
peut répondre du point où ira se terminer une course
aéronautique. On s'est servi pour le retour de pigeons
voyageurs emportés à l'aller par les aéronautes ; on
les expédiait porteurs de dépêches écrites en caractères microscopiques. Ces bons oiseaux, vrais patriotes,
les rapportaient fidèlement à leur colombier, à moins
qu'un plomb ennemi n'y vînt mettre obstacle. Certes
ce mode de correspondance, tout imparfait qu'il fût,
comptera parmi les plus ingénieux expédients imaginés pendant la dernière guerre.

ART MILITAIRE.

Nous considérerons spécialement dans l'art militaire les machines dont il fait usage : ce sera pour
nous une industrie, dont le but est assurément
déplorable, mais dont la nécessité s'impose quelquefois aux nations, comme toutes les autres misères
de la condition humaine.

On doit au maître d'armes du *Bourgeois gentilhomme* un excellent résumé de l'art de la guerre :
tout l'esprit de cet art est contenu dans la maxime
fondamentale qu'il enseigne à M. Jourdain : « donner
et ne point recevoir. » D'après cette définition, les
machines de guerre se partagent en deux classes :
celles qui sont destinées à *donner*, c'est-à-dire à

frapper l'ennemi pour le mettre hors de combat, et celles qui ont pour but de *ne point recevoir*, c'est-à-dire de s'abriter des coups de l'ennemi; d'un côté les armes offensives, de l'autre les armes défensives. Entre les deux classes il y a une corrélation nécessaire : l'art de la guerre se transformant à mesure des progrès de l'industrie générale, la défense doit suivre les progrès de l'attaque, et, par exemple, les moyens défensifs usités dans l'antiquité ou au moyen âge se sont trouvés frappés d'impuissance par la découverte de l'artillerie.

L'effet des perfectionnements successifs des armes a été d'accroître de plus en plus la distance à laquelle s'engage le combat. Lorsqu'on n'avait d'autres armes de jet que les javelots et les flèches, les deux armées en présence s'approchaient de très-près, elles en venaient aux mains presque tout de suite. C'était le beau temps des luttes corps à corps, combats partiels, où l'avantage restait le plus souvent à celui des deux adversaires qui possédait la plus grande force musculaire. Aujourd'hui, c'est encore par une attaque de vive force que toute action finit, et c'est elle qui décide en général du résultat d'une bataille. Les charges de cavalerie sont en quelque sorte un reste de l'ancienne manière de combattre. Le cavalier et son cheval forment un vrai projectile qui fond avec le plus de vitesse possible sur les lignes ennemies pour y porter le désordre. La rapidité des feux modernes ne permet plus de compter beaucoup sur l'efficacité d'un pareil moyen. Aussi la cavalerie qui, au moyen âge et chez les peuples barbares, constituait la partie principale des armées, tend de plus en plus à perdre le caractère de combattant pour jouer un rôle plus spécial : elle éclaire la marche de l'armée, elle poursuit l'ennemi après une victoire, elle protége une retraite; elle investit rapidement les places fortes, etc.

Dès le moyen âge, l'emploi des arbalètes pour lancer au loin des carreaux, accrut la portée des armes et transforma les conditions de la guerre. Il est vrai que les nouveaux engins n'imprimaient pas aux projectiles une vitesse assez grande pour qu'on ne pût s'en préserver tant bien que mal à l'aide d'armures métalliques : de là le type bien connu du chevalier tout bardé de fer, qui s'en va distribuant à tort et à travers, au plus fort de la mêlée, de grands coups d'estoc et de taille. Quelque bien cuirassé qu'il fût, le chevalier du treizième siècle n'était pas invulnérable. C'en était fait de lui si par malheur son cheval venait à s'abattre. Malgré les innombrables prouesses qui font de cette période l'âge d'or de la valeur et des nobles sentiments, les connaisseurs s'accordent à regarder le moyen âge comme une époque à peu près nulle au point de vue de l'art militaire. On s'y est battu autant, plus peut-être, qu'en toute autre période de l'histoire, mais sans suite, sans plan arrêté, sans art proprement dit. Dans cette matière comme dans bien d'autres, on avait laissé tomber en oubli toutes les traditions romaines.

L'invention de la poudre à canon, ou plutôt l'application qu'on en fit aux armes de jet, ouvrit tout à coup à l'art de nouveaux horizons. La cavalerie, qui était encore au treizième siècle l'arme prépondérante, perd sa supériorité; l'infanterie en hérite: grande révolution, si, comme le prétendent certains publicistes, elle marque l'avénement de la démocratie. Jusqu'alors le guerrier cherchait par-dessus tout à montrer la force de son bras, et à faire aux yeux de tous ce qu'on appelle en langage militaire des *actions d'éclat*. Les batailles, dans les récits des chroniqueurs, ne sont guère qu'une série de beaux traits à la louange de tel ou tel personnage. Mais dès que le premier lourdaud venu, armé d'un tube, a été capable de tuer à distance, sans même se laisser voir, le plus valeureux chevalier du monde, les conditions de la lutte ont été modifiées de fond en comble, et les contemporains ont pu maudire à bon droit une invention aussi diabolique. C'est à Crécy que nos pères en ont pour la première fois ressenti les funestes effets. Hélas! l'amour de la routine était déjà alors, paraît-il, un trait de notre caractère! Dès le règne de Philippe de Valois, le roi d'Angleterre avait de l'artillerie; mieux encore, il avait une solide infanterie, et ses troupes possédaient une bonne organisation militaire. Nous, fiers de nos invincibles chevaliers, bouffis des glorieux souvenirs de Charlemagne et de Philippe Auguste, nous n'avions à mettre en ligne que des milices féodales soutenues par quelques archers mercenaires, sur lesquels il était peu prudent de compter. Nous avons été battus à Crécy, à Poitiers; c'était dans l'ordre. Peu s'en fallut, après Azincourt, que notre pays ne devînt pour toujours la proie de l'étranger. Voilà où l'outrecuidance, l'infatuation et le désordre peuvent mener les peuples. Que nous soyons beaucoup trop légers à la guerre, l'histoire en fait foi. Aucune nation n'a eu, par exemple, autant de souverains faits prisonniers par l'ennemi : Saint Louis s'est laissé prendre en Égypte, Jean II à Poitiers, François Ier à Pavie. Passons sous silence le dernier exemple.

A proprement parler, l'organisation militaire de la France date du quinzième siècle et de la fin du règne de Charles VII. Auparavant la prédominance de la hiérarchie féodale étouffait le germe de tous les progrès. Charles VII créa la première armée permanente. Aidé des conseils des frères Bureau, il constitua une artillerie, et sut donner une puissance respectable à son royaume, à peine délivré des Anglais. Par malheur, les guerres d'Italie de la fin de ce siècle et du commencement du suivant, firent dévier cette création de son but exclusivement national, et détournèrent au profit d'une politique d'aventures des forces destinées à la défense du pays. Néanmoins, sous le règne de François Ier, la France se trouvait en état de tenir tête à la moitié de l'Europe réunie dans la main de Charles-Quint. Elle jetait ainsi, sans théorie préconçue, les bases d'un système d'équilibre qui, soigneusement maintenu, pouvait assurer la paix générale. La voie était tracée à nos gouvernements; mais la lutte de la vérité et de l'erreur semble faire le fond nécessaire de notre histoire. Après Henri IV, le vrai créateur de l'équilibre européen, après Richelieu qui continue au dehors sa politique, Louis XIV, ébloui de ses premiers succès, abandonne

volontairement la glorieuse tradition de ses devan-
ciers ; il se lance dans des guerres de principes, disons
mieux, dans des guerres de fantaisie ; il sème dans
l'Europe cette haine de la France qui depuis nous a
valu tant de difficultés et de misères. Sans doute,
au point de vue de l'art militaire, le règne de Louis XIV
mérite notre admiration. Peu d'époques nous offrent de
plus grands généraux que Turenne, Condé, Luxem-
bourg, Catinat, Villars, de plus habile administrateur
que Louvois, de plus célèbre ingénieur que Vauban.
Mais enfin, Louis XIV mourant laissait la France fa-
tiguée, épuisée d'hommes et d'argent, et vouée à une
décadence inévitable. Le successeur du grand roi tra-
vailla peu à la relever. Il est difficile de caractériser
la politique suivie par le gouvernement de Louis XV.
Ce n'a été ni la paix ni la guerre. Intriguer beaucoup
pour de médiocres résultats, laisser partager la Po-
logne, perdre les Indes et le Canada, voilà à peu près
tout le résumé de ce long règne ; et l'amoindrissement extérieur n'était pas racheté au dedans par de
sages et d'utiles réformes. C'est du reste le temps des
guerres de bon ton, dont le souvenir inspirait plus
tard tant de regrets au marquis de la Seiglière[1]. L'âge
suivant, celui de la Révolution, marque un retour à
toutes les violences des temps passés. Commencées
pour défendre la Révolution contre une coalition
toujours renaissante, les guerres de cette période n'ont

---

[1] *Le marquis* (à propos de la campagne d'Iéna). — Trois semaines,... ; quel manque de formes ! Parlez-moi de la guerre de Sept
ans,... de la guerre de Trente ans,... à la bonne heure !... Voilà des
généraux bien élevés !... — (*Mademoiselle de la Seiglière*, comédie en
4 actes, par J. Sandeau, acte III, scène I.)

pas tardé à dégénérer entre les mains de Napoléon.
L'art militaire lui doit d'immenses progrès, mais
l'esprit politique, chez cet homme extraordinaire,
était loin d'être à la hauteur du génie guerrier. Le
grand capitaine est allé se briser contre des résistances qu'il avait en grande partie provoquées lui-
même. Troublé par lui, puis contre lui et contre
nous, l'équilibre européen a péri dans la tourmente,
et n'est plus guère aujourd'hui qu'un souvenir histo-
rique. Qui l'eût dit pourtant? Les patriotes de la
Restauration auraient-ils pu croire que le jour n'é-
tait pas éloigné où la France mutilée regretterait
amèrement l'état dans lequel l'avait laissée le premier empire, et ces traités de 1815, si longtemps
l'objet de l'indignation et de la haine nationales ?

Mais revenons à nos machines.

Prenons l'infanterie au début du règne de Louis XIV.
Nous trouvons dans la compagnie deux classes de soldats : les uns sont armés du mousquet ; les autres portent la pique comme les anciens légionnaires romains,
ou comme les soldats de la phalange macédonienne.
Les piquiers étaient destinés à présenter un obstacle
à l'ennemi lorsque la décharge générale des mous-
quets laissait pour quelques moments la ligne d'infanterie sans défense. Vauban invente la baïonnette,
pour réunir en une seule arme la pique et le fusil,
et crée ainsi l'infanterie moderne. Restait à perfec-
tionner ce fusil, à rendre le tir plus exact, plus
rapide. C'est l'étude de notre époque. Au silex qui
faisait tomber l'étincelle sur quelques grains de
poudre placés dans le bassinet, on a substitué, dès

que la chimie en a donné les moyens, les amorces fulminantes : la charge est par là soustraite aux influences atmosphériques qui si souvent compromettaient le coup. Ensuite on a modifié la forme de la balle; de sphérique qu'elle était on l'a rendue ogivale; on l'a forcée dans les rainures du canon de l'arme pour accroître la portée du projectile et assurer une plus grande précision au tir. Enfin, on a substitué au chargement par la bouché, qui demande beaucoup de temps et qui exige l'opération du bourrage, le chargement par la culasse, qui permet de tirer dans le même temps un plus grand nombre de coups. La figure 64 représente le chassepot de l'infanterie française, instrument de précision efficace entre des mains habiles et exercées. Il porte à 1000 et 1100 mètres; la balle sort avec une vitesse de 410 mètres par seconde. Le soldat, armé du chassepot, peut tirer de 7 à 10 coups

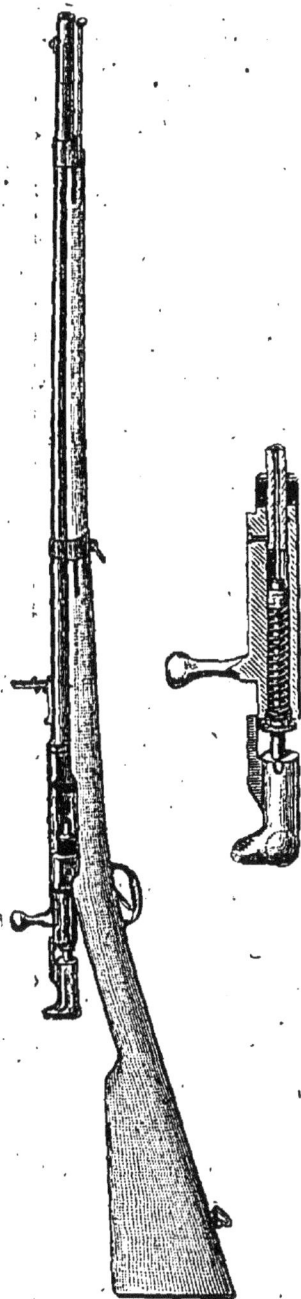

Fig. 64. — Fusil Chassepot.

par minute en visant, et jusqu'à 14 sans viser.

L'artillerie a reçu des perfectionnements analogues.

Il n'y a pas bien longtemps qu'on employait encore exclusivement le canon à âme lisse, qui lançait honnêtement à 300, 400, 500 mètres un boulet sphérique. On a modifié la forme du boulet : il est maintenant cylindro-conique ; il porte des ailettes en plomb qui s'engagent dans des rayures creusées à l'intérieur de la pièce. De cette façon, le boulet sort du canon animé d'un rapide mouvement giratoire qui, tout en modifiant sa trajectoire, lui assigne pour ainsi dire une plus grande stabilité : les canons rayés de campagne portent à 5,000 mètres, l'artillerie de siége et de côte porte jusqu'à 7 ou 8,000. Les pièces se chargent par la culasse (fig. 65). L'augmentation de la portée est due à la forme du projectile, à la charge de poudre, à l'influence des rayures, et aussi à l'inclinaison de la pièce qu'on peut porter jusqu'à 40°. Les anciennes pièces de campagne, dont l'affût était peu résistant, auraient été mises hors de service sous une pareille inclinaison par la rupture de la crosse. Les affûts dont on se sert aujourd'hui ne sont pas soumis au même inconvénient. Cet accroissement de la portée a pour résultat d'éloigner encore les armées en présence, et de substituer de vraies opérations géodésiques à la visée directe de l'ancienne artillerie.

La *mitrailleuse* est un type récemment imaginé, et qu'on n'a pas pu juger sainement dans la dernière guerre. La mitrailleuse de Meudon est un canon à

balles, portant à 2,200 mètres environ, beaucoup plus
loin que le chassepot, et moins loin que l'artillerie ;
cette portée est assurée par l'emploi d'une grande
quantité de poudre. La pièce étant visée, on fait partir
les coups successivement en tournant une manivelle.
Si l'on se bornait à cette opération, la mitrailleuse por-
terait toutes ses balles au même point, et son effet *utile*

Fig. 65. — Canon de campagne.

serait faible, puisque la première balle suffirait vraisemblablement à le produire. On élargit le champ du
tir en imprimant à la pièce, pendant la décharge, un
léger mouvement horizontal qui répartit dans un
petit angle les balles successivement lancées, et qui
fauche une certaine largeur des rangs ennemis. Le
poids de cette belle machine et la charge de poudre
placée dans chaque canon sont calculés de manière

à éviter le recul, condition essentielle pour qu'on n'ait pas à viser de nouveau à chaque coup partiel.

L'art de tuer de loin comme de près est ainsi un de ceux qui ont fait de nos jours les progrès les plus sensibles. Les générations passées n'y mettaient pas tant de recherches. Heureux temps, où une initiation prolongée n'était pas indispensable pour arriver en ce genre à de sérieux résultats ! Il n'en est plus ainsi maintenant que les moyens de destruction forment une véritable science. Une armée en campagne est comme une immense usine ambulante, qu'il faut approvisionner chaque jour en vivres et en munitions. Pour tirer tout le parti possible des engins perfectionnés dont elle dispose, il faut une habileté consommée chez ceux qui sont appelés à en faire usage : nous savons ce que valent les soldats improvisés. En même temps que la qualité devient importante, le nombre des soldats s'accroît sans cesse, et devient réellement formidable. Vers l'an 1610, Henri IV, qui avait conçu les projets les plus gigantesques, se trouvait en état de dominer l'Europe avec 30,000 hommes de troupes régulières. Sous Louis XIV, une armée de 30,000 hommes était une belle armée, et le roi était fier d'en avoir plusieurs de cette force. Sous Louis XVI, la France avait en tout 200,000 hommes sous les armes. Elle en a eu douze cent mille sous la Convention. Napoléon qui, lorsqu'il n'était que le général Bonaparte, avait tenu tête avec 42,000 hommes aux forces sans cesse renouvelées de l'Autriche, augmente graduellement l'effectif de ses armées, et met 500,000 hommes en ligne dans la désastreuse campagne de

Russie. Plus sages après l'effondrement du premier empire, les gouvernements qui se sont succédé chez nous n'ont guère dépassé en moyenne le chiffre déjà respectable de 400,000 hommes. Qu'est-ce que cela aujourd'hui? C'est par millions qu'il faut compter, et bientôt le nombre de soldats ne pourra plus s'accroître, l'armée englobant tous les hommes valides du pays. Nous touchons-là à une vraie plaie des temps modernes. Le travail du soldat est purement négatif; il ne produit rien, son rôle est de détruire. Il ne ferait aucun mal, que son temps serait encore perdu pour le progrès général, et que l'humanité resterait privée de tout le bien qu'il aurait pu faire avec un meilleur emploi de ses loisirs. Que les États aient une bonne police, rien de mieux : l'ordre et le travail en profitent. Mais que l'Europe ait, comme à présent, *cinq millions six cent mille soldats* sous les armes, occupés à apprendre l'exercice, c'est une situation que rien ne saurait justifier, et qui commande impérieusement une réforme.

Nous venons de parler des armes offensives : ce sont les armes défensives que nous allons maintenant passer en revue. Sous ce nom nous rangeons, non pas les vieilles armures reléguées dans les musées, mais les fortifications dont une armée en campagne se sert pour protéger ses mouvements. La fortification, dans son sens le plus général, comprend tout ce qui contribue à la défense militaire d'un pays : la fortification naturelle est fournie par les montagnes, les fleuves, la mer, les marais ; la fortification artificielle ajoute aux accidents locaux des obstacles appropriés à l'effet

qu'on veut produire. On divise la fortification artificielle en fortification permanénte et fortification pas-
sagère. Celle-ci comprend divers degrés, depuis les
bourrelets de terre qu'un corps d'armée élève à la
hâte pendant une bataille pour se couvrir contre les
charges d'un ennemi supérieur en nombre, jusqu'aux
ouvrages de défense d'une position stratégique qu'on
veut conserver à tout prix, comme ces lignes de
Torres Vedras derrière lesquelles Wellington abrita
pendant plusieurs mois l'armée anglaise, avant de
reprendre l'offensive. Occupons-nous seulement de
la fortification permanente. Avant l'invention du
canon, une place était forte quand elle était entourée d'une muraille flanquée de tours. L'ennemi qui
voulait l'attaquer; devait approcher du pied de la
muraille pour l'abattre à coups de bélier. Les assiégés le gênaient dans cette opération en faisant pleuvoir sur ses travailleurs, à travers les *machicoulis*,
des projectiles, des pierres, du plomb fondu. La
force d'une muraille dépendait principalement de sa
hauteur ; plus elle était élevée, plus la défense en
était facile, plus l'assiégeant avait d'efforts à faire pour
parvenir à donner l'assaut.

« Le prompt et terrible effet du canon, dit Cormontaingne, contraignit les peuples à terrasser les murs
d'enceinte en y joignant un rempart pour y placer de
l'artillerie, » puis « à ajouter sur les remparts des
parapets de terre à l'épreuve. » L'assiégeant, pouvant battre le pied d'un mur à distance, reprenait en
effet l'avantage sur l'assiégé ; il pouvait faire brèche
à la muraille avec son canon, et détruire une à une

toutes les défenses de la place avant d'essayer d'y pénétrer de vive force. Alors commença l'art de la fortification moderne, qui consiste à dérober les ouvrages à la vue et au tir de l'ennemi, et à le contraindre à effectuer une longue série d'opérations pénibles, pendant lesquelles la place a chance d'être secourue.

Le premier ingénieur qui ait donné en France un tracé méthodique de fortification est Érard, de Bar-le-Duc, qui vivait du temps de Henri IV. La muraille, au lieu d'être apparente du dehors, est cachée dans un fossé. Au lieu d'être construite sur une série de lignes droites dont chaque partie aurait à se soutenir par elle-même, sans appui des parties voisines, elle est *bastionnée*, c'est-à-dire flanquée par des parties saillantes qui permettent d'entre-croiser les feux, et de battre latéralement les points par où l'ennemi pourrait s'approcher et tenter l'escalade ou pratiquer la brèche.

Le bastion d'Érard était spacieux (fig. 66). Les *oreillons courbes* qui en prolongeaient les *faces*, étaient destinés à protéger les *flancs*. Ceux-ci contrebattaient, un peu trop obliquement il est vrai, le fossé des faces du bastion voisin. La distance de deux bastions contigus était assez petite pour permettre de l'un à l'autre l'action des feux de mousqueterie.

Le tracé d'Érard resta en faveur sous Louis XIII, où il fut légèrement modifié par Deville, puis par Pagan ; ce dernier ingénieur rendit les flancs perpendiculaires aux faces qu'ils étaient destinés à contre-battre dans les bastions voisins; il supprima les oreillons, et couvrit la courtine par une *demi-lune*, sorte de bastion détaché, s'avançant comme un coin dans les abords de la place: Vauban, bientôt après, perfectionna et compléta les types de ses prédécesseurs, en en discutant toutes les parties. Il est l'auteur du système que la France a depuis religieusement conservé, bien que les progrès récents de l'artillerie en fassent aujourd'hui comprendre l'insuffisance. Vauban semble du reste avoir prévu qu'il en serait ainsi pour son système, et, dans les dernières

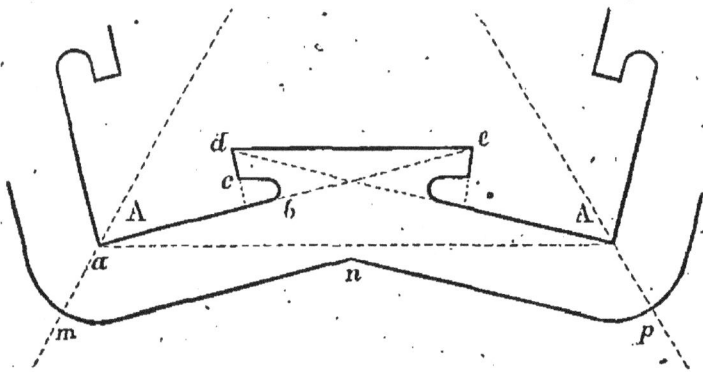

Fig. 66. — Tracé d'Érard.

A, bastion. — *ab*, face. — *bc*, oreillon. — *cd*, flanc. — *de*, courtine. — *mnp*, contrescarpe du fossé.

places qu'il construisit, il corrigeait déjà en partie certains défauts que lui avait révélés sa grande expérience des sièges.

Le système de Vauban (fig. 67) comprend, en gros, une enceinte bastionnée, une série de demi-lunes couvrant les courtines entre deux bastions consécutifs, un *chemin couvert* qui fait extérieurement le tour du fossé des bastions et des demi-lunes, avec des espaces libres réservés à chaque angle sous le

nom de *places d'armes*, enfin un *glacis* qui va en
pente douce rejoindre extérieurement le terrain naturel (fig. 68). Vue du dehors, la place offre une
série de lignes de terrassements parallèles au sol,
qui ne laissent apercevoir aucune muraille. Les feux
de la place rasent la terre et battent tous les points

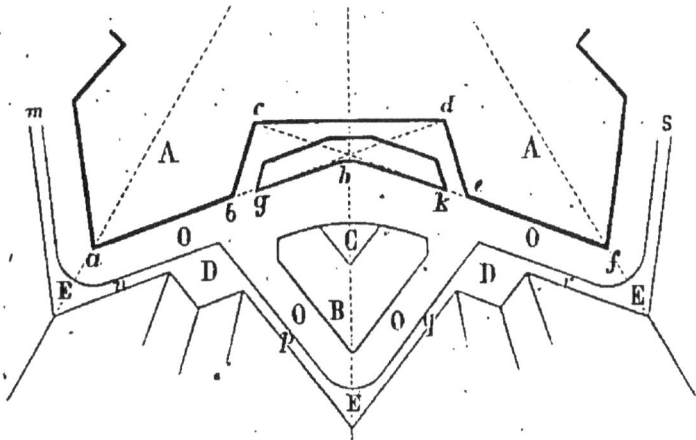

Fig. 67. — 1er Système de Vauban.

A A, bastions. — B, demi-lune. — C, réduit de demi-lune. — D D, placés d'armes rentrantes.— E E E, places d'armes saillantes. — O O O, fossé. — *ab*, *ef*,
faces des bastions. — *cb*, flanc battant le fossé en *ef*. — *de*, flanc battant
le fossé en *ab*. — *cd*, courtine. — *ghk*, tenaille. — *mnpqrs*, chemin
couvert.

où l'ennemi viendrait établir ses premiers ouvrages.
Vauban élevait dans ses bastions, sous le nom de
cavaliers, des retranchements en terre dominant la
campagne, pour accroître la portée du tir. L'habile
ingénieur à qui la France doit les lignes de places
fortes qui l'ont si longtemps défendue sur ses fron-
tières du Nord et de l'Est, possédait des notions
mécaniques très-exactes sur la stabilité des diverses
parties de ses constructions. L'expérience et les

théories modernes s'accordent à justifier les règles qu'il a suivies. On peut regretter qu'il n'ait pas consigné ces règles dans un mémoire. Il composa un traité de l'attaque et de la défense des places, mais il n'a rien laissé d'écrit sur son système de fortification, et c'est seulement en étudiant ses constructions qu'on arrive à le connaître. Mieux que personne, Vauban savait approprier au relief du terrain les formes de ses ouvrages, et son génie tout pratique réalisait ses conceptions avec la moindre dépense possible. Qu'à ces qualités spéciales de l'ingénieur, on ajoute un entier dévouement à son pays, un sentiment très-vif des maux qu'il endurait, une parfaite intelligence des remèdes qu'il fal-

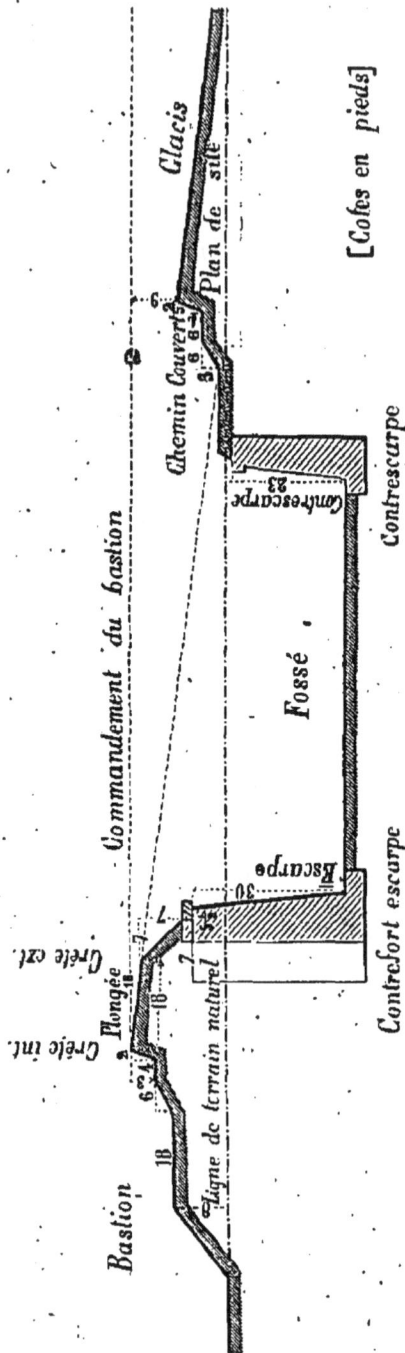

Fig. 68. — Coupe d'une fortification.

lait y appliquer, et on se fera une juste idée de
Vauban, l'un des plus grands caractères de l'histoire,
l'une des gloires les plus pures du siècle auquel il
a appartenu.

En construisant des places fortes (il en a construit
trente-trois nouvelles), Vauban n'avait pas la prétention de les rendre inexpugnables. Il a donné lui-
même la règle des siéges au point de vue de l'attaque, et dans les cinquante-trois siéges qu'il a dirigés,
il a créé, pour ainsi dire, un système de fortifications
mobiles qui amène l'assiégeant, au bout d'un certain
nombre de jours de cheminement et de tranchée,
à battre en brèche les murailles de l'enceinte, et à
rendre possible l'assaut. C'est lui aussi qui inventa le
tir à ricochet. Ce tir consiste à faire tomber sur les
crêtes des ouvrages assiégés des boulets animés d'une
petite vitesse, qui ricochent à chaque fois qu'ils touchent le sol, et qui, prenant les lignes d'enfilade, dé-
truisent les pièces d'artillerie du rempart et font
parmi les servants les plus grands ravages. Pour
éviter cet effet désastreux, le système Vauban ne présente qu'une ressource : multiplier les traverses en
terre, qui arrêtent les boulets au passage, et qui
restreignent le champ de leur action destructive.
Malgré ce palliatif, Vauban, dans la dernière partie
de sa carrière, se montre de plus en plus préoccupé
des bombes, des obus, des feux courbes de toute
espèce que l'assiégeant fait constamment pleuvoir
sur les lignes assiégées, et contre lesquels de simples épaulements n'offrent qu'une protection insuffi-
sante. Les trois dernières places qu'il construisit

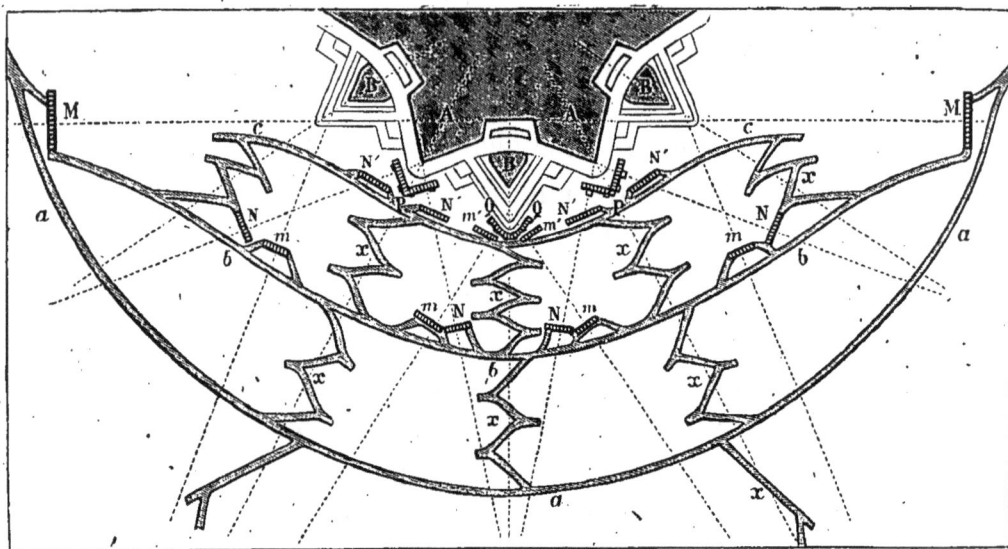

Fig. 69. — Attaque d'un front de fortification.

A, A, bastions attaqués. — B, B, B, demi-lunes voisines. — *aaa*, première parallèle. — M, N, batteries battant d'enfilade les faces des demi-lunes extrêmes du front attaqué. — *bbb*, deuxième parallèle. — N, N, N, N, batteries enfilant les faces des bastions A, A. — *m m m m*, batteries battant d'enfilade les demi-lunes B, B, B. — *ccc*, troisième parallèle. — N', N', N', N', batteries battant d'enfilade les bastions A, A. — *m'm'*, batteries battant d'enfilade les faces de la demi-lune intermédiaire B. — P, P, batteries de brèche des saillants des bastions A, A. — Q, Q, batteries de brèche du saillant de la demi-lune intermédiaire, battant aussi par le fossé les faces des bastions A, A. — *xx*, tranchées pour la communication entre les diverses parallèles.

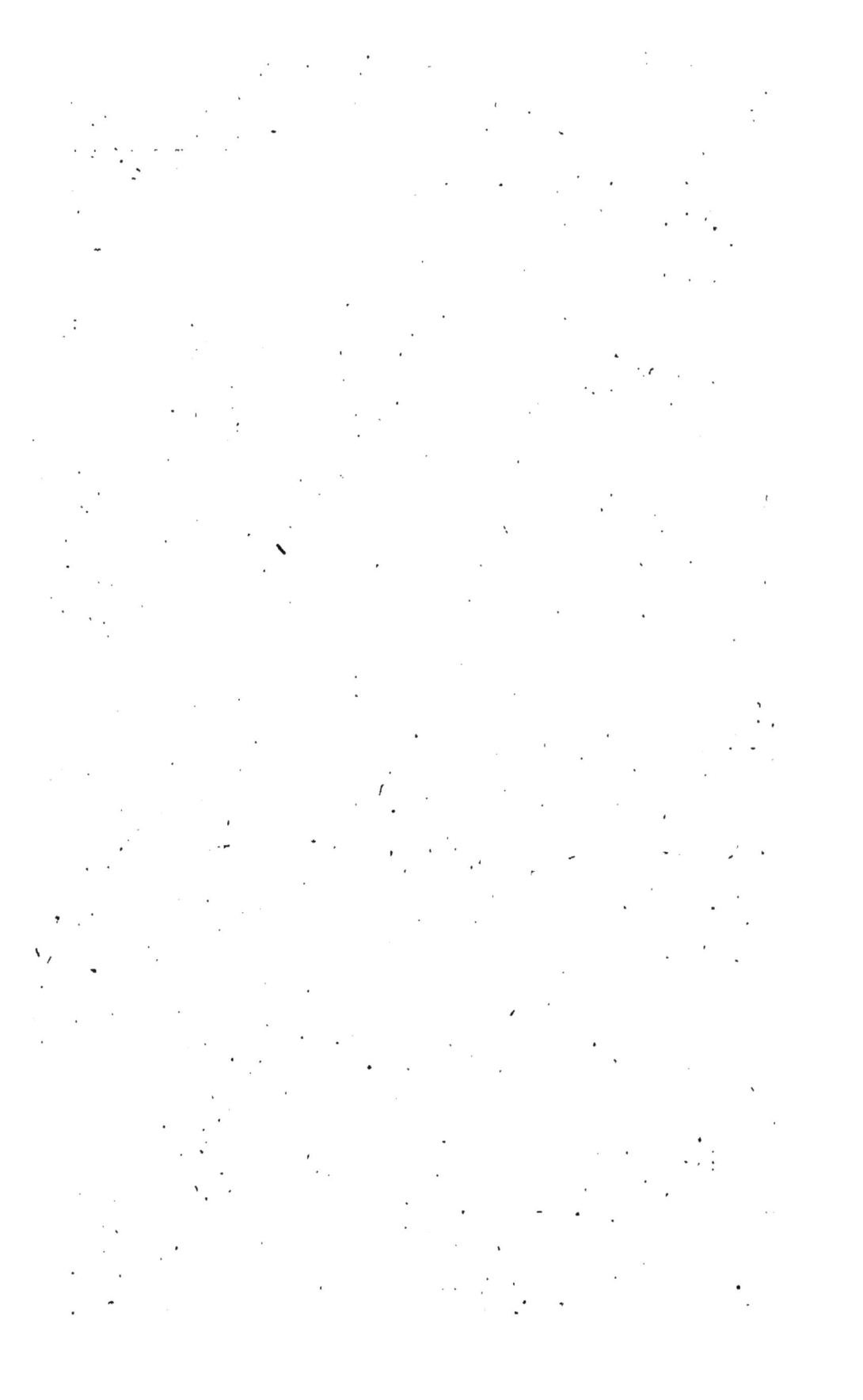

prouvent la nouvelle préoccupation de son esprit : Belfort et Landau sont élevées dans un *second système*, Neubrisach dans un *troisième*. Ce qui distingue ces places des précédentes, ce sont principalement des *tours bastionnées*, qui offrent à la garnison des abris voûtés où elle n'a rien à craindre de la bombe, sans interrompre pour cela ses feux. Vauban mourut en 1707, laissant à ses successeurs de grands exemples à imiter, et leur montrant surtout par ses derniers essais que l'art n'est pas immobile et qu'il appelle toujours de nouveaux perfectionnements.

Malheureusement, cette dernière interprétation ne fut pas assez comprise. Les admirateurs de Vauban crurent qu'il suffisait de l'imiter en faisant ce qu'il faisait lui-même, sans se demander ce qu'il aurait fait dans les conditions toujours changeantes de l'art de la guerre. Cormontaingne se déclare son disciple soumis. « Nous nous faisons gloire, dit-il, de suivre, autant que nos lumières ont pu nous le permettre, les maximes de M. de Vauban, notre illustre maître, et nous ne voulons les quitter qu'autant qu'il l'a fait lui-même lorsque, sur la fin de sa vie, il avait ajouté de nouvelles lumières à celles qu'il avait vers le commencement de ses glorieux travaux. » Cormontaingne conserva les traditions de son maître, en les améliorant, ou en croyant les améliorer dans leurs détails. Il commença par supprimer les tours bastionnées, « l'expérience acquise au siége de Landau, en 1713, lui ayant montré, dit-il, l'inutilité de ces ouvrages, » où la fumée des pièces menace d'étouffer

les artilleurs [1]. Ses places ne présentent donc point
d'abri voûté d'où les assiégés puissent répondre au feu
de l'ennemi. Cormontaingne régla d'une manière
très-précise les dimensions des divers ouvrages ; il
plaça des réduits dans les places d'armes, des ca-
ponières dans les fossés ; il multiplia les contre-
gardes, les coupures ; il disposa le profil des remparts de manière à faciliter leur mise en état de
défense. On lui doit surtout l'amélioration des communications entre la place et ses dehors. Jusqu'à
l'époque actuelle, le système de Vauban, complété
par Cormontaingne et étudié dans ses derniers détails,
est resté, sauf quelques modifications peu importantes, le type adopté dans toute la France, et c'est
à l'étranger qu'il faut aller pour constater des progrès dans un art regardé chez nous comme stationnaire.

Les protestations n'ont pas manqué. Dès 1776,
Marc René de Montalembert critiquait le système
officiel, auquel il préférait une muraille percée
d'embrasures et de meurtrières, et protégée à sa
base par un simple glacis ; ce système simplifié
aurait permis aux assiégés de faire de vigoureuses
sorties, opérations que le système Vauban, par la
multiplicité des obstacles à franchir, rend à peine
praticables. En 1812, un homme de la plus haute
compétence, Carnot, *l'organisateur de la Victoire* sous
le Comité de salut public, attaqua aussi le système
Vauban, et reprit le développement des idées de Mon-

---

[1] Il est facile de remédier à cet inconvénient au moyen d'un aérage
convenable.

tàlembert. Préférant les feux courbes aux feux directs, il offrait aux défenseurs des abris où ils pouvaient se mettre en sûreté sans interrompre pour cela leur tir, et il facilitait les sorties, seul moyen efficace, suivant lui, de retarder les progrès d'un siége. Carnot ne fut pas écouté comme il aurait mérité de l'être. Les places fortes n'avaient joué, dans les guerres récentes, qu'un rôle assez effacé. Aux opérations méthodiques des généraux du grand siècle, qui faisaient surtout des siéges, et qui chaque année prenaient leurs quartiers d'hiver, avaient succédé d'abord les savantes combinaisons du roi Frédéric II, puis les mouvements foudroyants de Bonaparte. Le succès des campagnes se décidait dans les batailles. Cependant nos revers de 1814 rappelèrent bientôt à l'utilité des places fortes. On regretta de n'avoir pas songé, au temps de la prospérité, à mettre la France et Paris surtout en état de se défendre. Aussi, quand plus tard on eut, en pleine paix, des craintes de voir se rallumer la guerre européenne, on ne trouva rien de mieux à faire que d'entourer la capitale d'un rempart et d'une ceinture de forts : opération à recommencer ou à compléter aujourd'hui, si l'on veut mettre la grande ville à l'abri de nouvelles insultes. Établies à une époque où le canon portait à peine à 600 mètres, les fortifications de Paris n'ont tenu aucun compte de certaines hauteurs qui les dominent à des distances supérieures à cette limite, et maintenant que la portée de l'artillerie s'élève à plusieurs kilomètres, tel fort, qui eût autrefois exigé un siége régulier de six semaines, a ses pièces démontées dès l'ouverture du feu ennemi, et se voit réduit au silence.

Les guerres contemporaines, si fécondes en siéges, ont rendu aux fortifications l'importance qu'elles semblaient naguère avoir perdue pour toujours. La dernière, celle de 1870, présente ce caractère que presque toutes les places ont été prises à la suite d'un blocus, sans opérations de siége proprement dites. Paris lui même a été investi, bombardé partiellement, mais non assiégé.

Nous avons dit que la fortification avait fait des progrès à l'étranger, et qu'on y avait créé de nouveaux types mieux appropriés aux perfectionnements de l'artillerie. L'Allemagne paraît avoir adopté le système *polygonal*, qui supprime les bastions et les demi-lunes, multiplie les batteries couvertes, et se contente de légers ouvrages détachés pour contrebattre le pied des murailles. Le système Vauban avait principalement en vue la lutte qui s'engage au moment de l'assaut; il est admirablement combiné pour cette dernière période du siége. Mais rien n'y préserve de la bombe, et ses lignes droites dirigées vers le dehors donnent prise au tir d'enfilade. Le système moderne préfère de nombreux étages de feux, émanant d'ouvrages disposés de manière à favoriser les sorties, et permettant de chasser l'ennemi de toute position où il viendrait établir ses premiers travaux d'approche. Les Autrichiens emploient un autre genre de forteresses : ce sont des tours isolées, protégées par des glacis et reliées les unes aux autres par une série de chemins couverts.

En haut de chaque tour, une batterie à longue portée commande tous les environs à une distance de
plusieurs kilomètres. Au-dessous une batterie d'obu-
siers, blindée par les terrassements supérieurs, est
destinée à soutenir le siége. Une batterie basse contenant des pièces plus légères sert à défendre le
fossé. La ville de Linz, sur le Danube, est entourée
de trente-deux tours semblables, réparties sur trois
cercles concentriques, de manière à entre-croiser
leurs feux. Elles ont été élevées de 1830 à 1836 par
l'archiduc Maximilien. De nombreuses tours déta-
chées, distribuées en avant des lignes de l'enceinte,
contribuent de même à faire de Vérone une place
formidable. Mais, en ce genre, on travaille souvent
au profit de son voisin, et l'Italie a hérité du redou-
table quadrilatère que l'Autriche avait élevé comme
une menace contre elle.

Nous aurions beaucoup à faire pour compléter la
nomenclature des moyens militaires dont on dispose
à notre époque. Après les armées de terre, il faudrait
passer en revue toute la marine, vaisseaux cuirassés,
monitors, taureaux, batteries flottantes, torpilles,
fortification des côtes, pièces à longue portée qu'elles
utilisent. Il faudrait y joindre la description des
ports militaires où se font les préparatifs des expédi-
tions. Un tel programme allongerait démesurément
ce paragraphe, déjà trop long peut-être. La guerre
nous a assez occupés. Aussi bien, c'est le plus déplorable emploi qu'on puisse faire des forces et des fa-
cultés humaines. La guerre détruit en quelques
mois des capitaux qu'on met quelques années à pro-

duire ; elle moissonne impitoyablement la fleur de
la population ; elle entretient les haines entre les
peuples. Mais que sont-elles ces haines, sinon des
préjugés plus ou moins invétérés, qu'exploitent à
leur profit les habiles ?. La guerre méconnaît une loi
que la science moderne a complétement mise en évidence, celle de la solidarité des intérêts entre les
nations comme entre les individus : celui qui nuit à
son prochain se nuit en même temps à lui-même.
Elle ne supprime un mal qu'en créant un mal équi-,
valent. Renverse-t-elle une puissance menaçante, elle
en élève une autre qui menace tout autant la paix
générale. Sans doute il serait prématuré d'attendre
le règne indéfini de la paix ; mais il n'est pas défendu
de le hâter par nos vœux. De grands progrès sont
déjà accomplis en ce sens, on n'en saurait douter.
Autrefois la guerre était une maladie chronique des
nations ; la paix ne se montre que comme une
courte exception dans l'histoire. Maintenant, au contraire, la guerre ne peut durer longtemps, et la paix
est pour tous les peuples une nécessité qu'ils ne peuvent longtemps méconnaitre. D'un autre côté, les
jugements par arbitres entre les États commencent
à remplacer dans bien des cas les contestations à
main armée : progrès sensible de la morale inter-
nationale. Il est digne d'un grand État d'accepter de
bonne grâce la décision d'un tribunal qui le condamne. N'est-ce pas plus digne, en effet, que de se
déclarer juge en sa propre cause, d'appeler à son
aide des canons à défaut de raisons, de déserter, en
un mot, le terrain du droit et de la justice pour

recourir à la force, le plus détestable et le plus vain de tous les arguments?

MACHINES DIVERSES

Dans l'impossibilité absolue où nous sommes de passer en revue toutes les industries, et d'indiquer toutes les machines dont elles font usage, nous nous contenterons, pour terminer ce chapitre, de signaler divers appareils à l'attention du lecteur.

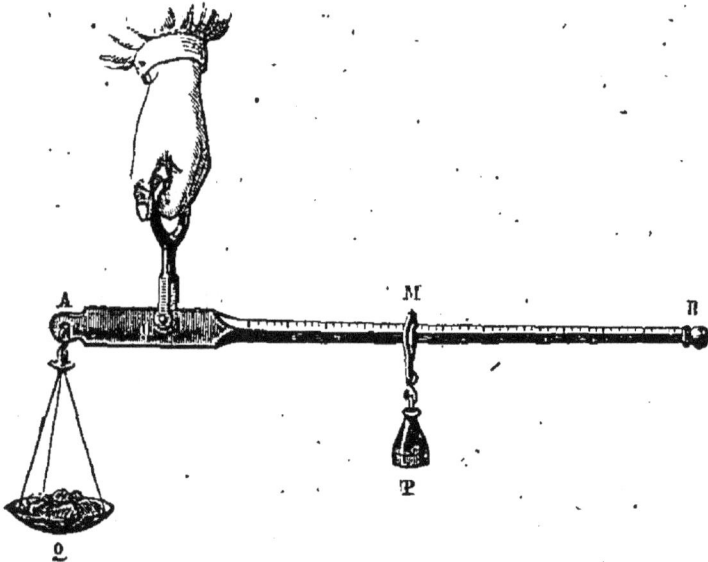

Fig. 70. — Balance romaine.
AB, fléau gradué, suspendu au point O. — P, poids constant, suspendu à l'anneau M, et mobile le long du fléau. — Q, plateau contenant le corps à peser.

Prenons d'abord la grande classe des *balances*. Tout le monde connait les types de la *balance ordinaire*, avec ses deux plateaux équilibrés, et de la *balance romaine* (fig. 70), avec laquelle toutes les pesées se font à l'aide d'un seul et unique poids, qu'on recule ou qu'on avance le long d'un levier gradué.

La *balance de Quintenz* (fig. 71) permet d'équilibrer le poids cherché avec un poids dix fois plus petit; elle est disposée de telle sorte que peu importe pour l'équilibre la position donnée au fardeau sur le plateau où il est déposé. Une autre balance,

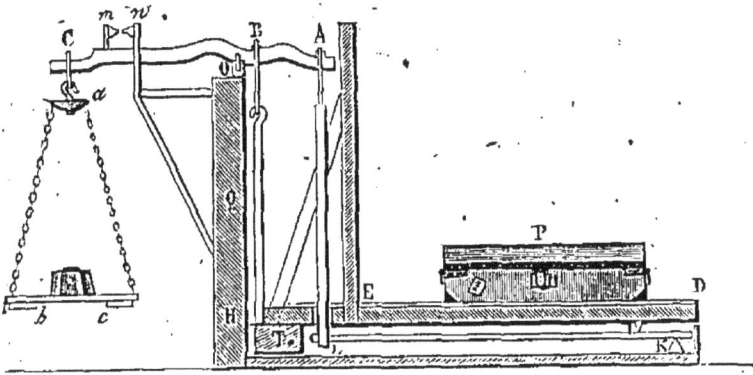

Fig. 71. — Balance de Quintenz.

AC, levier mobile autour du point O. — Il porte en C le plateau *abc*, où l'on place les poids marqués. — ED, plate-forme où l'on dépose le corps P dont on demande le poids. Cette plate-forme est supportée en deux points, T et I; le premier est suspendu par une tige verticale au point B du premier levier; le second, I, est supporté par un levier KL, mobile autour du point fixe K, et rattaché par une tige AL au point A du premier levier.

connue sous le nom de *Roberval*, a une propriété mécanique analogue. L'équilibre y est indifférent, quelque position qu'on donne à deux poids égaux placés dans les plateaux; cette propriété appartient à l'assemblage représenté dans la figure 72.

Le parallélogramme ABDC est articulé et déformable; on fixe sur une même verticale les deux milieux O et O' des côtés AC, BD; des bras horizontaux EF,

GH sont implantés à angle droit sur les côtés latéraux
en des points quelconques E, G. Dans ces conditions,
l'équilibre a lieu entre deux poids égaux P et R, quelle
que soit la forme donnée à la figure, et quels que
soient les points M et N des bras EF et GH, auxquels
on suspend ces poids. Cette propriété qui, au premier
abord, paraît paradoxale et en contradiction avec la
théorie du levier, résulte de ce qu'une déformation
infiniment petite du parallélogramme, par rotation

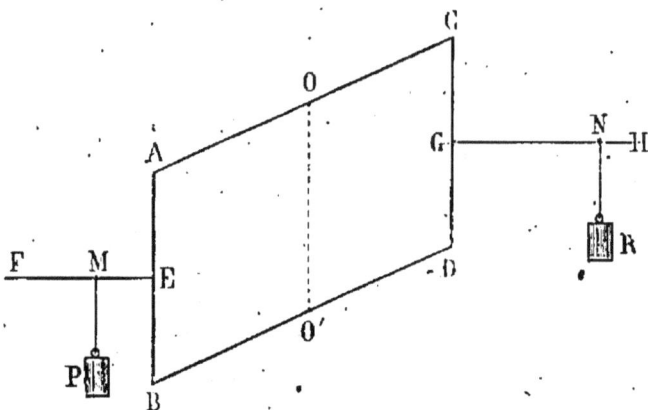

Fig. 72. — Théorie de la balance de Roberval.

des côtés AC, BD autour des points O et O', fait descendre l'un des poids d'autant qu'elle fait monter
l'autre. La plupart des balances de comptoir sont
aujourd'hui des balances de Roberval.

Les *machines à calculer* ont pour but d'éviter un
maniement de chiffres fatigant et toujours sujet à erreur. Pascal, à l'âge de dix-huit ans, avait imaginé,
en 1642, un appareil de cette nature. Mais la mécanique pratique était peu avancée de son temps, et il
ne put venir à bout des difficultés d'agencement du
grand nombre de pièces qui devaient composer sa

machine arithmétique. Bien des constructeurs l'ont essayé et ont dû y renoncer après lui. Le problème est pourtant résolu maintenant, d'une manière à la fois pratique et élégante. L'*arithmomètre* de M. Thomas de Colmar fait les multiplications et les divisions, et achève en une minute ce qui peut demander une demi-heure au plus habile calculateur, réduit en fait d'outils à sa plume et à son papier. Il existe d'autres machines qui font des opérations plus compliquées : celle de Babbage, par exemple, permet de faire en quelques instants de très-longs calculs ; mais elle coûte plusieurs centaines de mille francs, défaut qui suffit pour l'exclure de l'outillage des calculateurs.

Certains appareils n'ont d'autre objet que de mettre en évidence des propriétés mécaniques de la matière. Dans le nombre nous choisirons ceux qui montrent les effets de l'inertie sur les corps en mouvement.

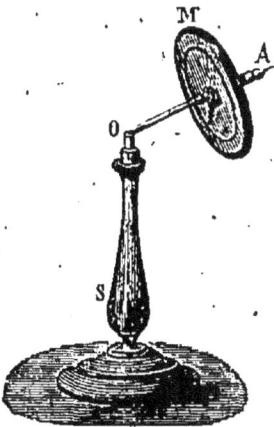

Fig. 73. — Mouvement gyroscopique.

Le mot de *mécanique* exprime aux yeux du vulgaire une certaine complication de rouages, imaginée en vue de produire un effet déterminé. Or voici des appareils éminemment mécaniques, et tout à fait dépourvus de rouages et de mécanismes.

Un disque massif M (fig. 73), de forme circulaire, est monté à angle droit sur un axe OA mobile autour de l'une de ses extrémités; l'autre extrémité A est portée à la main. On imprime au disque ainsi placé une rotation extrêmement rapide. Puis, tout à coup, on abandonne l'extrémité libre de l'axe. On pourrait croire que le disque va tomber dans le plan vertical en tournant autour de l'extrémité qui demeure seule soutenue. Au contraire, l'observateur voit l'axe de l'appareil décrire, d'un mouvement sensiblement ré-

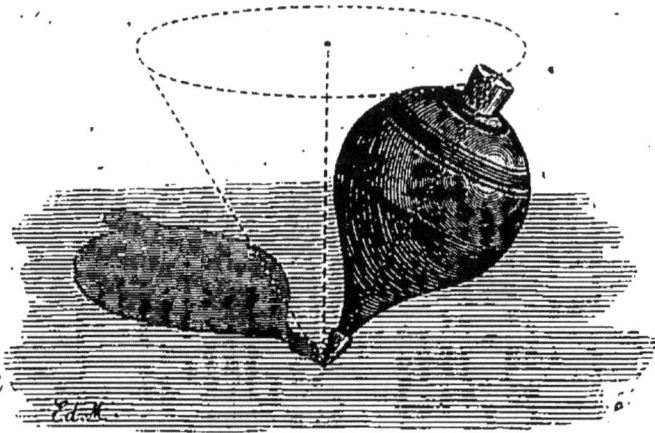

Fig. 74. — Toupie.

gulier, une surface conique autour de la verticale qui passe par cette extrémité fixe. L'expérience est due à Foucault, et la théorie peut en rendre un compte tout à fait exact. On voit qu'un corps animé d'une rotation rapide semble doué de propriétés nouvelles; le simple jeu de l'inertie lui donne en quelque sorte l'apparence d'un mouvement spontané.

Ces propriétés des corps tournants nous sont révélées dans certaines expériences vulgaires : dans le mouvement de la *toupie*, par exemple (fig. 74); tantôt l'axe de figure de l'appareil reste vertical, et la toupie *dort* dans cette position, c'est-à-dire tourne rapidement autour de son axe comme s'il était invariablement fixé ; tantôt l'axe s'incline et décrit autour de la verticale un cône plus ou moins régulier ; dans certains cas, l'ouverture du cône reste constante, et l'axe en décrit uniformément la surface. C'est ce mouvement qu'on appelle mouvement de *précession*, par analogie avec un mouvement de l'axe du globe terrestre, qui fait rétrograder chaque année les équinoxes, et qui leur faire accomplir le tour du ciel en 26,000 années.

La propriété qu'a la toupie de pouvoir dormir autour d'un axe vertical peut être utilisée en mer, pour juger de l'inclinaison prise par le pont d'un bâtiment pendant le roulis et le tangage. Un fil à plomb serait influencé par les oscillations de son point d'attache. La toupie reste sensiblement droite sans participer au mouvement général du plancher sur lequel elle repose. On a ainsi une direction à laquelle on peut comparer les lignes que le navire entraine dans son mouvement.

Le cerceau, autre jeu d'enfant, est un exemple de la même théorie : il va droit quand son plan reste vertical, et, dès que son plan s'incline, il infléchit sa route du côté vers lequel il penche. On utilise cette propriété dans la manœuvre du vélocipède.

Dans toutes ces expériences, la pesanteur joue un rôle prépondérant, et si l'effet de cette force est difficile à analyser, cela tient à cette circonstance paradoxale, qu'elle imprime à l'axe de l'appareil des

mouvements à peu près perpendiculaires à la direction dans laquelle elle agit. Foucault a créé d'autres
expériences où l'effet qu'il s'agit de constater est indépendant de la pesanteur, de sorte qu'on ne voit pas,
au premier abord, quelle est la force à laquelle il faut
rapporter le mouvement observé. La première expérience de cette nature est celle de l'immense pendule
qu'il attacha en 1850 à la coupole du Panthéon.
On faisait osciller l'appareil; les oscillations se con-
servaient sans altération sensible pendant une
dizaine de minutes; à chacune, l'extrémité de la
lentille venait entamer légèrement un bourrelet de
sable élevé circulairement sur le pavé de l'église :
et on observait que le pendule, au lieu de rester
constamment dans le même plan vertical, atteignait successivement de nouveaux points du bourrelet où il laissait, à chaque fois, la trace de son
passage; le plan d'oscillation semblait, en un mot,
tourner autour de la verticale, de l'est à l'ouest en
passant par le nord, de manière à faire le tour de
l'horizon en 52 heures environ. La théorie rend
compte de ce phénomène, et y montre un simple
résultat du mouvement de rotation diurne de la
terre. Au pôle, le tour entier de l'horizon s'effec-
tuerait en 24 heures. La rotation du plan d'oscillation devient de plus en plus lente à mesure qu'on
se rapproche de l'équateur; enfin, le plan reste
immobile quand l'expérience est faite à l'équateur
même.

Voilà une démonstration bien concluante de la
rotation de notre globe.

Le *gyroscope* de Foucault en fournit une seconde (fig. 75).

C'est un disque T porté sur un axe de rotation qui, grâce à une *suspension à la Cardan* A'BAB', reste parfaitement libre de prendre toutes les directions possibles autour du centre de l'appareil. Pour détruire l'effet de la pesanteur, il suffit de placer en ce point le centre de gravité des masses mobiles. On imprime au disque, autour de son axe propre, un mouvement gyratoire extrêmement rapide. Pour bien définir ce qui va se passer, supposons d'abord que nous ayons assujetti cet axe à se mouvoir dans le plan horizontal. Il va aussitôt se déplacer dans ce plan, et, pendant un certain temps, nous l'y verrons osciller de part et d'autre d'une position moyenne, qui coïncide avec la direction du méridien. On a donc dans cet appareil, inerte en apparence, un excellent moyen de déterminer, sans

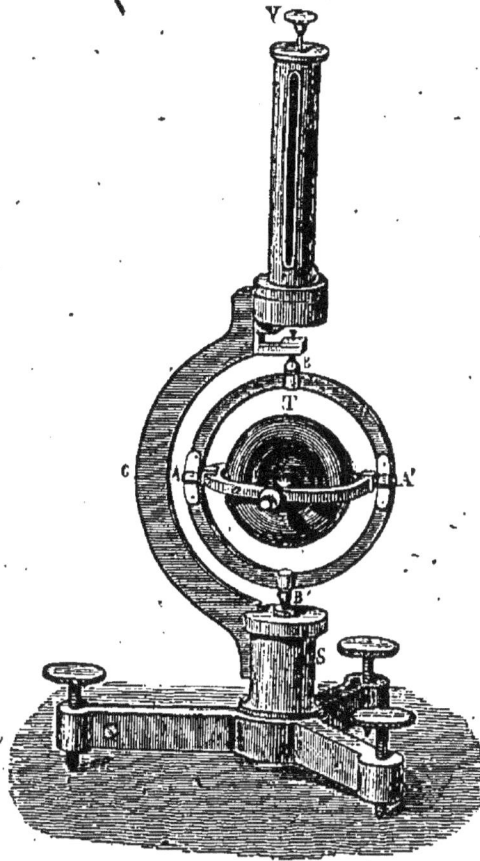

Fig. 75. — Gyroscope Foucault.

aucune observation extérieure, la direction du méri-
dièn en un point donné du globe, ce point fût-il
dans une caverne où jamais le soleil n'a pénétré; le
gyroscope supplée à cet égard à l'aiguille aimantée
de la boussole, sans qu'on ait besoin, comme pour
celle-ci, de corriger ses indications en tenant compte
d'une déclinaison variable avec le temps et avec le
lieu. Une fois que l'axe horizontal du gyroscope,
après une série d'oscillations à droite et à gauche,
s'est arrêté dans le plan méridien, rendons toute
liberté aux articulations de l'appareil: nous verrons
l'axe s'incliner sans sortir de ce plan, et osciller de
part et d'autre de la droite qu'on appelle en cos-
mographie l'*axe du monde*, et qui est parallèle à l'axe
de la terre. Quand les oscillations s'éteignent, l'axe
du gyroscope pointe le pôle, et on sait que cela suffit
pour déterminer la latitude. Le jeu de ce merveilleux appareil, qui ramène des recherches cosmogra-
phiques à des observations toutes locales, est une
conséquence nécessaire du mouvement propre du
globe terrestre.

Les effets du mouvement diurne sont ainsi rendus
sensibles aux yeux; on les reconnaît aujourd'hui
dans une foule de phénomènes où ils passaient autrefois inaperçus. Tels sont la direction des vents alizés,
qui assurent l'échange continuel entre l'air chaud des
tropiques et l'air froid des pôles; la déviation vers
l'Est des corps qui tombent librement d'une grande
hauteur; la tendance latérale des grands fleuves à
appuyer contre une de leurs rives de préférence à
l'autre, contre la rive droite dans l'hémisphère bo-

réal ; une partie de la dérivation latérale des projectiles à la sortie des canons ; le sens des courants littoraux dans les mers fermées, telles que la Méditerranée, etc.

On peut rattacher aux mêmes théories l'expérience faite à l'aide de l'*appareil de Bohnenberger* (fig. 76).

On donne au disque un mouvement très-rapide de rotation autour de l'axe AA' ; et si l'on place au point A un petit poids additionnel, on voit le cercle vertical B*b*B' se mettre à tourner lentement autour de la ligne CC', de manière à faire décrire à l'axe

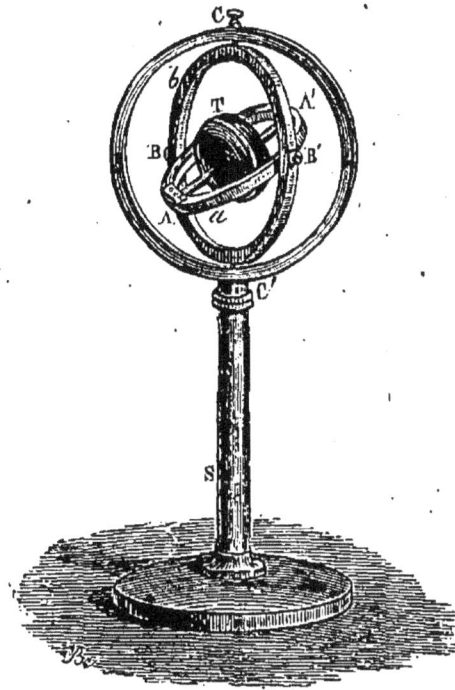

(Fig. 76. — Appareil de Bohnenberger.

T, disque très-pesant, monté sur l'axe AA'. — A*a*A', anneau qui supporte les extrémités de l'axe AA', et qui est mobile autour du diamètre BB', perpendiculaire à AA'. — B*b*B', anneau qui supporte les extrémités du diamètre BB', et qui est mobile autour de l'axe vertical CC'. — S, pied de l'instrument.

AA' un cône autour de la verticale. C'est l'image du mouvement de l'axe de la terre qui produit la précession des équinoxes.

La *balance gyroscopique* de MM. Fessel et Plücker est représentée dans la figure 77. On imprime une rotation rapide au disque T ; puis, abandonnant l'extrémité A de l'axe, on observe le mouvement de

précession de cet axe autour de la verticale du point
O; ce mouvement varie avec la position et la grandeur du contre-poids P; en faisant varier ces éléments, on arrive à interrompre le mouvement de
précession, et à le faire naître en sens inverse.

Puisque nous avons prononcé le nom de Foucault,
auquel la mécanique est redevable de tant de pro-

Fig. 77. — Balance gyroscopique.

T, disque pesant, monté sur un axe porté par l'anneau DAD. — CDA, tige qui
porte l'anneau DAD, et qui est supportée par le pied S, au moyen d'un assemblage à la Cardan O, qui lui permet de s'incliner librement et de tourner sans résistance autour de la verticale. — P, contre-poids qu'on peut à
volonté augmenter ou diminuer, rapprocher ou éloigner du point O.

grès récemment accomplis, nous citerons encore un
appareil remarquable dont il est l'inventeur. Nous
voulons parler du *sidérostat* (fig. 78). Cet instrument
a pour but de réfléchir, suivant une direction constante, des rayons émanés du soleil ou d'une étoile,
malgré le mouvement de rotation de la terre qui
imprime incessamment à ces rayons une déviation

apparente. On connaissait déjà certains appareils qui résolvaient le problème, entre autres l'*héliostat de Silbermann*. La machine de Foucault arrive au même

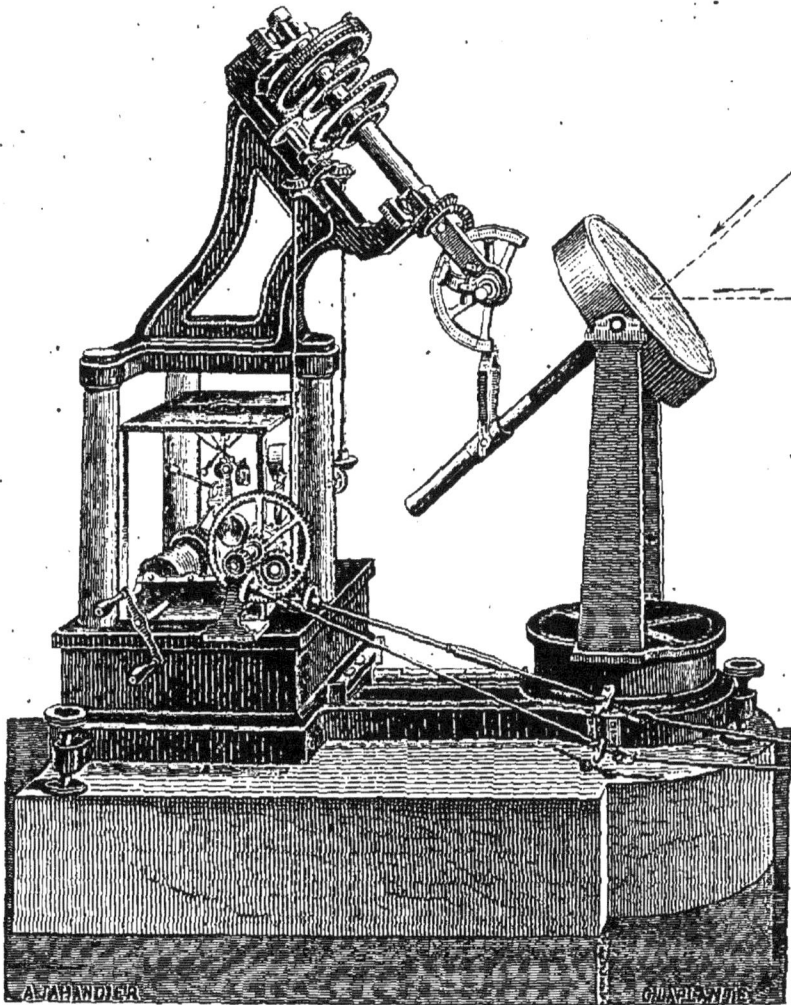

Fig. 78. — Sidérostat de Foucault.

résultat avec plus de précision et plus d'élégance.

Dans les deux appareils, un miroir reçoit d'une horloge un déplacement qui ramène dans une direction constante le rayon réfléchi, malgré la variation incessante du rayon incident. Le miroir de Foucault renvoie horizontalement, par exemple, un pinceau de rayons solaires, qu'on peut réunir ensuite au moyen d'une lentille. On obtient ainsi sur un écran l'image du soleil, que l'on examine à loisir, que l'on peut photographier, et où l'on reconnaît les taches qui obscurcissent en certains points la surface de notre étoile.

Le *météorographe* du père Secchi, dont la figure 79 indique la disposition générale, est fondé sur l'emploi des courants électriques pour enregistrer les indications des instruments d'un observatoire de météorologie. Le baromètre, le thermomètre, la girouette, l'anémomètre, le pluviomètre, etc., fonctionnent constamment, tandis que l'observateur chargé de recueillir leurs indications ne peut examiner ses instruments d'une manière continue; le plus qu'il puisse faire, c'est de les examiner périodiquement à certaines heures de la journée. Cela suffit quand les phénomènes se succèdent d'après une loi régulière. Mais qu'une perturbation vienne à se produire tout à coup, ce fait, plus intéressant pour la science que la monotonie des phénomènes habituels, pourra passer complétement inaperçu. Les appareils enregistreurs, en fixant sur le papier des indications continues comme les phénomènes eux-mêmes, évitent seuls un inconvénient aussi grave; et l'emploi de l'électricité pour transmettre les mouvements de l'instrument d'observation aux crayons qui en marquent la trace évite à la fois les temps perdus et les altérations qu'on aurait à craindre en employant, pour le même usage, des organes massifs. En général, l'appareil trace des courbes continues sur un papier qui se déplace devant les crayons; dans d'autres cas, les indications de l'appareil sont interrompues à certains intervalles très-petits, et le crayon vient tracer un point ou un petit trait à chaque fois qu'un nouveau passage du courant électrique l'amène au contact du papier. Au bout d'un certain nombre de jours, on enlève la feuille qu'on trouve chargée d'indications : il n'y a plus qu'à les lire, à les interpréter, à les discuter, et à en prendre note. Les perturbations s'accusent d'elles-mêmes par les accidents du tracé. Espérons que cette étude, entreprise maintenant en un grand nombre de points du globe, et attaquée par des moyens aussi satisfaisants, ne tardera pas à conduire à une connaissance plus complète des lois de la météorologie.

Le météorographe Secchi[1] comprend deux faces.

---

[1] *t*, timbre de l'horloge. — X, fil communiquant au *thermomètre métallique* qui indique la température des corps exposés à l'action directe du soleil; il commande le contour articulé *ul″*, qui trace la courbe des températures. — P, corde du poids moteur de l'horloge et des tableaux mobiles. — M, corde soutenant le tableau mobile. — *n, n′, o*, électro-aimants. — F, F′,... électro-aimants commandant les leviers *a, b, c, d*, et inscrivant sur le tableau la direction du vent d'après la position de la girouette; *l*, contour articulé, communiquant avec un compteur, et enregistrant la vitesse du vent. — *q*, contre-poids. — *f*, électro-aimant commandant la tige *r*, et inscrivant sur le tableau l'heure des précipitations aqueuses. — Q, tige et chaîne mobiles le long d'une échelle graduée, indiquant la hauteur d'eau tombée; cette hauteur est inscrite sur un disque spécial S. — R, C, *baromètre à balance*, comprenant un tube barométrique vertical C, terminé par un manchon R, qui pénètre dans une cuvette pleine de mercure; le tout suspendu au fléau JG d'une balance; *l′h*, contour articulé inscrivant les hauteurs barométriques.

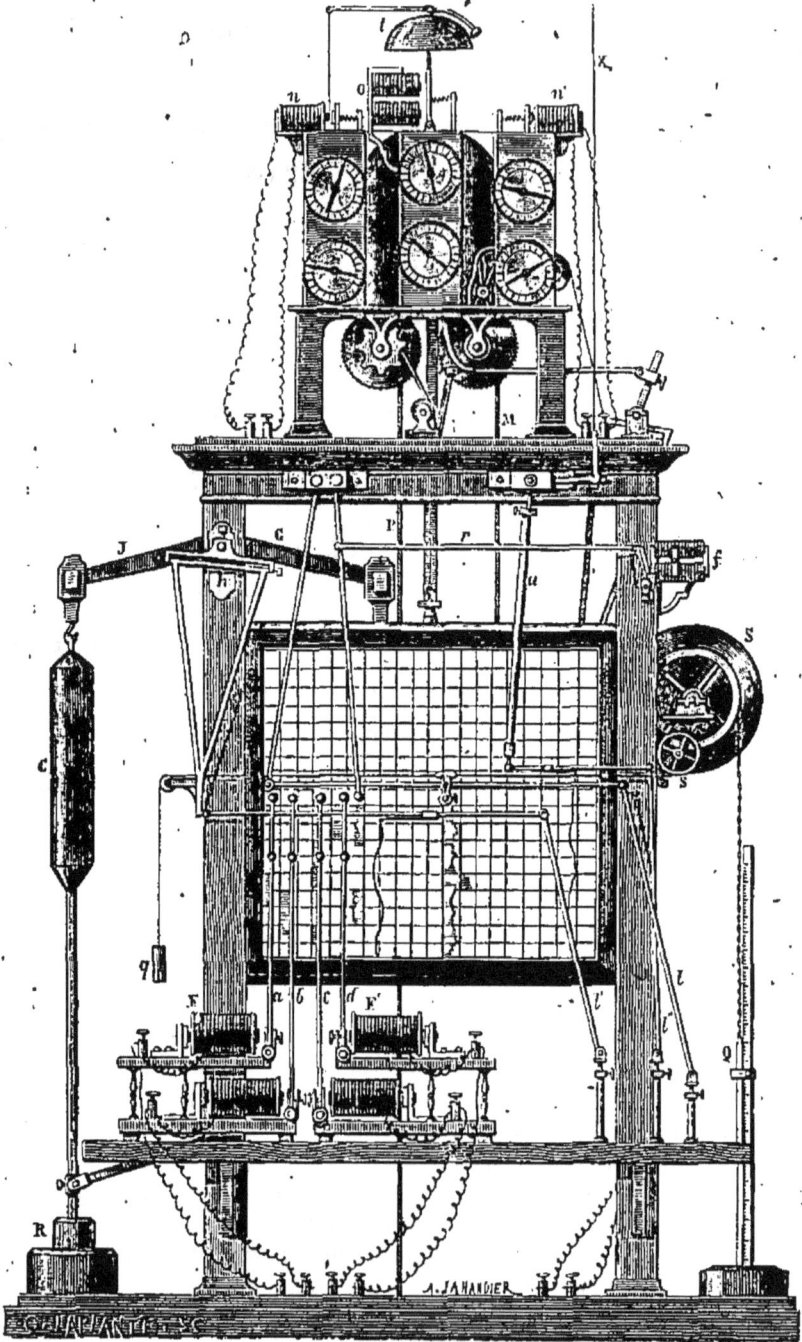

Fig. 79. — Météorographe Secchi. — Façe antérieure.

La première, seule représentée sur la figure, porte
un tableau quadrillé, animé d'une vitesse de 1 mil-
limètre et demi par heure ; il met 10 jours à effectuer sa course. On y inscrit :

La température des corps exposés à l'action directe
du soleil, constatée à l'aide d'un thermomètre métallique ;

La vitesse et la direction du vent ;

La hauteur barométrique ;

L'heure des précipitations aqueuses.

La seconde face ou face postérieure porte un
tableau quadrillé, animé de la vitesse de 5 millimè-
tres par heure, et mettant 2 jours à effectuer sa
course. On y inscrit :

Les températures de l'air à l'ombre, constatées
par deux thermomètres d'espèce différente ;

Les heures des précipitations aqueuses ;

La hauteur du baromètre.

Ces derniers renseignements font double emploi
avec ceux qu'on enregistre sur la première face,
mais ils sont donnés avec plus d'exactitude, l'échelle
étant plus grande.

La hauteur de pluie tombée est portée automatiquement sur un disque spécial.

De ces machines exclusivement scientifiques, revenons à des machines industrielles. L'industrie de la
fabrication du papier et celle de l'imprimerie nous
montreront de belles applications de la mécanique.

La figure 80 représente l'intérieur d'une usine
à papier. La machine réunit en un seul groupe,

et met en mouvement, au moyen d'un même
moteur, tous les appareils autrefois séparés quand
la fabrication se faisait à la main. On commençait par blanchir le chiffon, puis on le réduisait en
pâte ; l'ouvrier plongeait dans la cuve une forme
en fils métalliques qui retenait une couche de pâte ;
il la secouait légèrement et la faisait égoutter. Puis il
retournait la forme sur un feutre où la feuille de
papier encore tout humide se fixait par adhérence.
Il ne restait plus qu'à mettre le paquet sous presse,
puis à faire sécher les feuilles ; après quoi on *collait*
la surface du papier destiné à recevoir l'encre
ordinaire ; on obtenait ainsi le papier à la main,
épais, lourd, solide, durable. Aujourd'hui le moulin
à papier reçoit la pâte dans des cuves où elle est
agitée et rendue homogène ; elle s'étale d'elle-même
sur une forme métallique, qui la secoue légèrement
et entraîne la feuille ainsi ébauchée dans une série
de cylindres les uns chauds, les autres froids, où elle
est séchée, laminée, lustrée, où elle arrive enfin à son
état définitif. Le collage, s'il est nécessaire d'y avoir
recours, est fait dans la pâte même et s'applique à
toute l'épaisseur du tissu. Enfin la feuille est recueillie
à la sortie de la machine, soit sous forme de rouleau
sans fin, soit en morceaux rectangulaires d'égales
dimensions. C'est ainsi qu'on arrive à produire
l'énorme quantité de papier que l'on consomme aujourd'hui. La fabrication à la main n'y aurait jamais
pu suffire.

La figure 81 représente une presse typographique,
destinée à effectuer le tirage des livres et des jour-

Fig. 80. — Usine à papier.

naux. La composition du texte est faite dans la
forme. Pour obtenir le tirage, il faut placer successivement les deux côtés de la feuille de papier en
contact avec les caractères revêtus d'encre, et exercer
une pression qui détermine l'empreinte. Gutenberg
faisait cette opération avec une presse à vis; il fallait

Fig. 81. — Presse typographique.

du temps pour serrer la vis, du temps pour la des-
serrer, du temps pour enlever la feuille et en mettre une nouvelle, du temps pour renouveler l'encre.
Un progrès sensible a été réalisé le jour où l'on a
employé des caractères en relief au lieu des caractères en creux des premiers inventeurs. Pour noircir
ces caractères, il a suffi de passer à leur surface
un rouleau garni d'encre d'imprimerie. A la presse

à vis on a substitué aussi une presse à levier et à contre-poids, qui se relève d'elle-même, et prépare ainsi le changement de la feuille et le passage du rouleau noirci. Enfin, dans la presse typographique actuelle, on a remplacé la compression directe contre les caractères par une espèce de laminage de la feuille entre la forme et un cylindre mobile. Deux ouvriers sont chargés de prendre les feuilles blanches une à une, et de les engager dans la machine. La feuille est entraînée vers les cylindres, et va passer sur les formes qui l'impriment successivement sur ses deux faces. Le mouvement même de la machine fait passer à chaque fois les formes sous des rouleaux où elles reprennent l'encre qu'elles ont laissée sur le papier. Deux autres ouvriers reçoivent les feuilles imprimées à leur sortie et les remettent en tas. Un tirage à 2,000 exemplaires ne dure que quelques heures avec cette belle machine, où des améliorations récentes ont supprimé toute espèce de papillotage.

Nous terminerons cette longue énumération en disant quelques mots des instruments de musique.

Sous ce titre on peut ranger non-seulement les instruments destinés à produire les sons musicaux, mais encore tous les appareils acoustiques, depuis les sonomètres connus de l'antiquité, jusqu'aux miroirs mobiles au moyen desquels M. Lissajous est parvenu, il y a quelques années, à faire *l'étude optique des sons* et de leurs intervalles. Tous relèvent de la mécanique, et ne seraient pas déplacés dans l'un des plus beaux chapitres de cette science, celui qui a pour objet la théorie des vibrations. Le vulgaire croit volontiers que parmi ces instruments, ceux-là seuls dépendent de la mécanique, qui présentent un certain luxe de transmissions bien apparentes entre l'exécutant et le corps qu'il fait vibrer. A ce point de vue, une *boîte à musique*, dans laquelle un cylindre armé de pointes et mis en

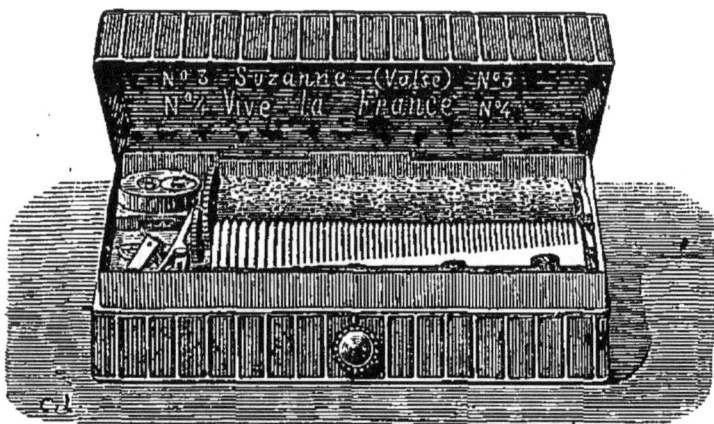

Fig. 82. — Boîte à musique.

mouvement par un ressort de montre soulève des lames métalliques vibrantes (fig. 82), un *orgue de barbarie*, où une manivelle imprime de même un mouvement de rotation à un cylindre qui ouvre aux instants convenables les tuyaux sonores alimentés par un jeu de soufflets, un *piano*, un *orgue*, seraient des appareils mécaniques, tandis qu'un violon, une flûte, une clarinette, un cor, seraient de simples appareils de physique. Cette classification repose sur des apparences trompeuses. Le *mécanisme* du violon est au fond bien plus compliqué qu'il ne le paraît à un observateur superficiel. D'abord, il fait intervenir toutes les propriétés des cordes vibrantes : influence de la masse, influence de la longueur et de la grosseur, influence de la tension plus ou moins grande. Quatre cordes, montées par quinte, sont fixées à la surface d'une boîte destinée à renforcer les vibrations. Tout, dans ce petit appareil, doit être soigneusement calculé. Il faut d'abord qu'il résiste aux énormes tensions développées dans les cordes ; il faut aussi qu'il donne au son un timbre agréable ; or, l'expérience montre l'influence à cet égard de la qualité des bois, des épaisseurs, des dimensions et de la forme de la boîte, du tracé des S ouvertes dans la tablette supérieure, de la hauteur et des découpures du chevalet, de la position donnée à l'*âme* qui réunit les deux faces de la boîte. L'archet lui-même doit avoir des qualités spéciales, comme légèreté et comme élasticité, pour que l'exécutant puisse tirer de l'instrument tout le parti possible. Aussi, après le mérite transcendant du grand compositeur, après le mérite non moins apprécié de l'artiste qui sait interpréter dignement la musique des maîtres, devons-nous réserver une part d'admiration et de reconnaissance pour le luthier laborieux et habile, et rangeons-nous les noms d'Amati, de Stradivarius, de Guarnerius, de Bergonzi, de Steiner, parmi ceux qui font le plus d'honneur et à la mécanique et à l'industrie.

CHAPITRE [IV

CONSIDÉRATIONS ÉCONOMIQUES. — LE PROGRÈS

§ Ier.

Nous avons cité l'axiome : *L'homme ne crée rien, ni force, ni matière*. Il est pourtant une chose que l'homme peut créer, une chose immatérielle, bien entendu : la *valeur*. Les considérations que nous allons présenter sur ce sujet nous permettront d'apprécier l'importance des machines et les services qu'elles rendent à l'humanité.

Avant tout remarquons, avec Frédéric Bastiat, que la *valeur* d'un objet n'est pas identique à son *utilité ;* car certaines choses sont très-utiles et n'ont aucune valeur[1]. Tel est par exemple l'air atmosphérique : rien n'est plus utile, puisque sans air nous ne pourrions vivre, et l'air est sans valeur puisqu'il afflue na-

---

[1] Certains économistes admettent une *valeur à l'échange* et une *valeur à l'usage*. Ils appellent *valeur à l'usage* ce que nous appelons ici *utilité*, et *valeur à l'échange* ce que nous appelons simplement *valeur*.

turellement vers nos voies respiratoires, sans que
nous ayons jamais besoin d'en acheter ni d'en faire
provision. Utilité et valeur sont donc deux idées d'ordre différent. Pour déclarer un objet utile, il n'y a
qu'à consulter nos besoins et nos goûts, et à recon-
naitre dans cet objet quelque qualité qui le rende
propre à les satisfaire. Au contraire, la valeur d'un
objet dépend, non-seulement des qualités qui en font
un objet utile, mais encore de l'abondance ou de la
rareté des objets analogues qui pourraient en tenir
lieu. La valeur se mesure par l'étendue du sacrifice
que des acquéreurs consentiraient à faire pour entrer
en jouissance de l'objet dont il s'agit, moyennant un
échange librement débattu. L'abondance d'un produit
tend à en diminuer la valeur, la rareté tend à l'augmenter ; et ces circonstances n'influent en rien sur
l'utilité du produit, qui est un résultat nécessaire de
sa nature et de la nôtre.

Pour l'homme qui vivrait seul dans un désert,
cette distinction entre valeur et utilité serait illusoire.
Le mot valeur n'aurait pas de sens économique pour
lui. Ne pouvant rien se procurer par voie d'échange,
il serait forcé, sous peine de mort, de produire par
lui-même tout ce qui est indispensable à l'entretien
de sa vie. Il aurait assurément le droit d'attribuer
une valeur aux produits de son travail, mais la valeur ainsi déterminée serait arbitraire et par conséquent fictive ; pour devenir réelle, il faut qu'elle soit
reconnue dans un débat contradictoire entre divers
intéressés : or cette sanction fait défaut aux appréciations d'un homme isolé de tous les autres.

Laissons là les cas singuliers, et revenons aux conditions communes de notre existence ici-bas. Nous vivons en société. La solitude absolue ne se rencontre nulle part, pas même pour le chartreux qui s'est condamné volontairement au silence de la cellule : car, chaque matin et chaque soir, le bon père trouve dans son tour la nourriture préparée pour lui dans les cuisines de la communauté. Nous avons tous besoin pour vivre, et, s'il est possible, pour vivre agréablement, de *consommer* un nombre extrêmement grand de produits. La classe des *consommateurs* englobe la totalité de l'espèce humaine. Celle des *producteurs* est un peu moins nombreuse, car, pour l'obtenir, il faut retrancher du genre humain, d'abord les sujets trop jeunes et les sujets trop vieux, puis les infirmes, les paresseux, et enfin les individus, plus nombreux qu'on ne croit, qui, par goût ou par conviction, se livrent à des travaux complétement inutiles. Ce qui reste après toutes ces suppressions constitue la classe des producteurs, dont l'industrie et les efforts font vivre l'humanité tout entière.

Le phénomène de la production, considéré au point de vue de l'économiste, résulte en général du concours de trois éléments distincts qu'on nomme, dans le langage de l'école, la *terre*, le *travail*, le *capital*. Dans cette énumération, la terre représente l'ensemble des forces naturelles et des qualités inhérentes aux objets placés autour de nous : c'est le fonds primitif sur lequel la vie de l'homme s'est établie et persiste. En cela, point de différence entre les di-

verses espèces vivantes, végétales ou animales, qui
habitent notre planète : aucune n'eût vécu si la nature l'avait placée dans un milieu dépourvu des principes qui lui sont strictement nécessaires. Le second
élément de la production, le travail, met en œuvre
les matériaux bruts fournis par la terre, pour en
dégager des produits appropriés à notre usage. Ici
encore, le rôle de l'homme ne diffère pas essentiel-
lement du rôle de l'animal; car l'animal travaille,
soit qu'il chasse, soit qu'il se creuse un terrier ou qu'il
se construise un nid. Là où l'homme se sépare complétement des espèces inférieures, c'est dans la formation et la conservation du capital, troisième et dernier agent de la production. La plupart des animaux
vivent au jour le jour. Les plus économes, les four-
mis par exemple, n'étendent pas leur prévoyance au
delà du prochain hiver. Au bout d'un temps assez
court, tout est usé ou détruit, et l'espèce se retrouve
ramenée à sa situation primitive. Tout est à recommencer pour elle, et aucun progrès définitif n'a été
accompli. Il en est autrement de l'homme, et le mot
de capital résume toute une série de phénomènes
particuliers à notre nature. Le capital est l'ensemble
des produits qui, n'ayant pas été consommés, peuvent
servir à en obtenir de nouveaux : c'est pour ainsi dire
le *bénéfice net* des opérations de l'humanité. Grâce
au capital, chaque génération n'a pas à reprendre
sur nouveaux frais le travail des générations précédentes, et, de l'une à l'autre, on peut constater un
progrès réellement acquis. Bâtiments, vêtements,
provisions, voies de communication, meubles, outils,

machines, aménagement du sol, tout cela rentre dans le capital ; il forme à côté du fonds naturel désigné par le mot de terre, un second fonds dans lequel l'homme puise à pleines mains pour son travail, et qui rend la production plus facile et plus féconde.

Comment firent nos premiers pères pour se passer d'un auxiliaire aussi utile ? avaient-ils moins de besoins que nous ? étaient-ils plus robustes, plus près de cet état hypothétique que les philosophes du siècle dernier nommaient l'*état de nature?* Nul ne le sait, et l'absence absolue de capital à l'origine de l'humanité répand sur ses débuts comme une teinte merveilleuse. Pour nous, modernes, l'usage du capital nous est devenu si familier que nous ne concevons pas qu'on puisse en être complétement privé sans périr. Aussi Daniel de Foë, en confinant Robinson Crusoé dans son île déserte, a-t-il eu soin de mettre à sa portée les richesses du bâtiment naufragé, et de le doter d'un bon capital à son entrée dans la vie solitaire.

Des deux sources où va s'alimenter notre travail, l'une, l'ensemble des forces naturelles, se conserve sans variations à travers les âges ; l'autre, le capital, s'accroît ou diminue avec le temps, selon que l'homme est plus ou moins laborieux, plus ou moins prévoyant, plus ou moins économe. A dire vrai, la première source subit des variations comme la seconde, non pas en elle-même, mais dans l'usage que nous en faisons. Les forces naturelles d'aujourd'hui ne diffèrent pas de celles d'autrefois, mais nous les con-

naissons beaucoup mieux, et nous en tirons un bien
meilleur parti. Ce ne sont pas elles qui varient, mais
c'est la science humaine, et chaque découverte est
pour ainsi dire une création de nouvelles puissances
à notre profit.

Quel est donc le véritable intérêt de l'humanité?
C'est d'accroître son double héritage : le capital et la
science. Les progrès de la science sont très-capri-
cieux, et la loi de son développement n'est pas
encore bien connue. A la période la plus féconde
succède souvent une longue série d'années stériles.
L'imagination s'endort; on dirait qu'elle se repose
des efforts de ceux qui ne sont plus. Après les génies
originaux, inspirés par une sorte de révélation di-
vine, viennent les érudits, les vulgarisateurs, et tous
ceux qui, dans une sphère plus modeste, conservent
les traditions des maîtres et passent aux générations
d'une autre époque le flambeau du savoir humain. Mais
ce qu'il importe ici de faire ressortir, c'est le rôle essentiel du capital dans le développement, dans l'existence même de la science. Le géomètre le mieux
doué par la nature, un Archimède, un Newton, s'il
était obligé pour vivre de courir chaque jour les bois
à la poursuite du gibier ou à la recherche des fruits
sauvages, manquerait à coup sûr du temps et de la
liberté d'esprit nécessaires à des méditations suivies.
La première condition pour qu'il y ait des savants,
c'est que les nécessités de la vie matérielle n'absorbent pas toutes les ressources de leur esprit, et
cela suppose l'accumulation antérieure d'un certain
capital. L'histoire vérifie cette remarque. Elle raconte,

par exemple, que les premiers astronomes furent des bergers de la Chaldée, qui, en gardant leurs troupeaux, avaient le loisir de suivre chaque nuit les mouvements des astres : des troupeaux, voilà le capital déjà formé, et permettant aussitôt les premiers essais de la science spéculative.

Les hommes ont en définitive un immense intérêt à accroître le capital, puisque cet accroissement est la condition indispensable de tous les progrès, y compris ceux de la science elle-même. Or le capital s'augmente par une double opération : la production d'abord, l'épargne ensuite. La production demande des efforts plus ou moins pénibles ; d'un autre côté, on ne peut nier qu'il n'y ait une certaine satisfaction naturelle attachée à la plupart des consommations improductives. Soyons donc sûrs que le capital ne se formera pas, ou que, formé, il sera aussitôt détruit, si les hommes ne sont pas intéressés d'une manière bien évidente à produire et à conserver les choses produites. La production cesse vite, par exemple, dans une société anarchique, sans justice, sans police, où personne n'est assuré de jouir en paix des fruits de son travail. La formation et l'accroissement du capital exigent avant tout la sécurité dans la jouissance des biens, c'est-à-dire *la propriété et l'héritage.* Car « l'homme vit peu de jours », et quel est le philanthrope assez désintéressé pour s'imposer les fatigues de la production et les luttes de la vie économe, s'il n'est pas fondé à croire que son travail quotidien peut assurer le repos de sa vieillesse, et, après lui, l'avenir de sa famille? Aussi le principe de la propriété personnelle est-il la condition absolue de tout progrès, de toute amélioration du sort des hommes. Ce principe est-il méconnu, plus de sécurité, plus d'activité, plus de liberté individuelle, plus de dignité humaine : l'état devient le propriétaire universel, l'individu n'a rien et n'est rien, le peuple n'est bientôt qu'un troupeau tremblant sous la verge d'un maître.

Au nombre des causes qui contribuent à développer le capital, il faut citer un principe économique dont nous avons déjà souvent reconnu la portée, le principe de la *division du travail*.

En vertu de ce principe, chaque homme, au lieu d'éparpiller ses efforts pour produire successivement les innombrables objets nécessaires à son existence, se consacre à une production particulière, dans laquelle il ne tarde pas ordinairement à acquérir une certaine habileté. La masse produite augmente en conséquence ; en même temps la qualité des produits s'améliore. L'échange permet ensuite à chaque producteur de se procurer les divers produits étrangers à sa fabrication personnelle. Le boulanger, par exemple, ne produit que du pain, mais avec ce pain qu'il livre au tailleur, au cordonnier, au boucher, il achète des souliers, des habits, de la viande. Ainsi la division du travail suppose l'*échange* ; elle est d'autant plus développée que le marché au sein duquel elle s'exerce est lui-même plus étendu. Très-restreinte dans un hameau, où le même individu exerce à la fois plusieurs métiers d'une manière également grossière, elle est plus complète dans les villes, et surtout dans les grands centres de population, où la spécialité des talents se dessine davantage. Enfin elle atteint ses dernières limites dans les ateliers des manufactures, où une production industrielle alimente un débouché indéfini, et où l'on dispose d'une armée de travailleurs.

L'échange met en présence le *producteur* et le *consommateur*, deux classes dont les intérêts sont opposés, bien qu'elles soient formées, à dire vrai, par les mêmes personnes.

Le consommateur ne peut acquérir l'objet qu'il convoite que par l'abandon d'une valeur égale, valeur comptée en argent ou représentée par toute autre marchandise. Son intérêt, c'est que la valeur de l'objet en question soit la moindre possible, c'est, en d'autres termes, que la production des objets semblables soit abondante, et qu'elle les jette en foule sur le marché. L'idéal du consommateur est donc une production tellement développée que les objets utiles soient communs comme l'air ou comme l'eau, dont l'usage est gratuit. Une telle abondance serait le retour de l'âge d'or, si l'âge d'or avait jamais existé autre part que dans notre imagination.

Le producteur, qui oublie volontiers qu'il est consommateur à son tour comme tous les autres hommes, n'est pas aussi libéral. Son intérêt le plus cher, c'est que les produits de son industrie aient sur le marché une grande valeur. S'il abaisse ses prix, c'est parce qu'au-dessus d'un certain niveau, aucun acheteur ne se présenterait plus pour les prendre. L'idéal d'un producteur, ce serait de fabriquer à peu de frais une

certaine quantité de produits, et de les vendre ensuite
au prix le plus élevé possible ; pour cela il souhai-
terait d'être seul à les produire, car si plusieurs
producteurs livrent à la fois sur un même marché
une certaine masse de produits semblables, la concurrence qu'ils se font tend à égaliser les prix au
taux le plus bas consenti par l'un quelconque d'entre
eux. Ainsi le producteur, bien qu'il ait le droit de fixer
arbitrairement le-prix des objets qu'il met en vente,
voit ses prétentions restreintes autant par la concurrence des producteurs rivaux que par les ressources limitées des acheteurs auxquels' il s'adresse.

Tout marché se résume dans une appréciation
contradictoire de valeur, qui résulte du jeu naturel de
l'*offre* et de la *demande* : c'est ainsi qu'on indique les
rôles particuliers de l'acheteur et du vendeur. Y a-t-il
abondance de produits, l'offre est grande, la demande
restreinte, les prix s'abaissent, le consommateur en
fait son profit. Y a-t-il au contraire rareté relative des
produits, ou, ce qui revient au même, excès du nombre
des consommateurs qui se disputent un produit trop
peu abondant, l'offre diminue, la demande augmente,
les prix s'élèvent et le producteur a momentanément
l'avantage du marché. Mais pour peu qu'elle dure, la
hausse du prix stimule un accroissement dans la
production des objets demandés ; cet accroissement
augmente l'offre et tend par suite à limiter l'élévation des prix. De même l'empressement du consommateur à profiter d'une baisse tend à arrêter cette
baisse et à maintenir les prix à un certain niveau
moyen.

Admirons la simplicité de ces lois économiques, en vertu desquelles la liberté assure la satisfaction de nos besoins bien mieux que ne le ferait la réglementation la plus savante. Pour être sûrs d'avoir toujours sous notre main les produits utiles à la vie, nous n'avons pas à revenir aux maîtrises et aux jurandes de l'ancienne législation des métiers, ni à nous mettre en frais d'imagination pour découvrir quelque autre organisation tyrannique du travail. Nous n'avons qu'à *laisser faire* : l'intérêt individuel et la liberté suffiront. Les industries se développent d'elles-mêmes, jusqu'à ce que l'offre atteigne l'étendue de la demande, et les prix se fixent au taux qui assure à la fois à la production un débouché rémunérateur, et à la consommation une production suffisamment abondante. Tout ce qu'on peut demander à la loi écrite, c'est de ne pas intervenir pour troubler arbitrairement l'harmonie de l'ordre naturel.

Le développement du capital, en rendant la production de plus en plus industrielle, a le double avantage d'augmenter les quantités produites et d'abaisser les prix. Cette dernière partie du phénomène économique peut être masquée, il est vrai, par la dépréciation de l'or et de l'argent, marchandises soumises comme toutes les autres à la loi de l'offre et de la demande, et sujettes par conséquent à une diminution de valeur à mesure qu'elles affluent plus abondamment sur le marché. La baisse continue de valeur des produits fabriqués n'en est pas moins certaine ; pour s'en rendre compte, au lieu de considérer les variations des prix nominaux, mesure trompeuse,

puisqu'on l'obtient à l'aide d'une unité dont la valeur
varie d'une époque à l'autre, il suffit d'avoir égard à la
manière de vivre des classes les moins favorisées :
le progrès est sensible à tous les yeux quand on compare leur sort d'aujourd'hui à ce qu'il était par exemple
au commencement du siècle. Une masse énorme de
satisfactions, devenues abordables pour elles, leur
étaient autrefois tout à fait refusées. L'accroissement du capital a une action bienfaisante sur tous
les hommes, mais les travailleurs sont les premiers
à en ressentir l'influence. A mesure que le capital
augmente, sa valeur diminue, le taux de l'intérêt
décroît, le travail devient plus abondant, plus productif, et mieux récompensé; en même temps la vie
devient pour tous plus facile et plus agréable. D'où
vient donc ce sinistre préjugé qu'on trouve répandu
dans les bas-fonds de la société, et qui fait du capital un ennemi du travail, un tyran qu'il faut haïr
et renverser? Le capital est si peu un tyran du travail, qu'il en est, nous l'avons vu, l'indispensable
auxiliaire. D'autres rêveurs, moins radicaux en apparence, ne déclarent pas au capital une guerre aussi
acharnée; ils aimeraient mieux sans doute l'acca-
parer que le détruire, et se bornent à en réclamer
la gratuité; il ne s'agirait, d'après eux, que d'abolir
légalement le taux de l'intérêt : ce serait là la grande
réforme. Ici encore le socialisme abandonne la proie
pour l'ombre. L'intérêt décroît à mesure que le capital
se développe : phénomène conforme aux principes les
plus élémentaires sur la valeur. Mais la légitimité et
la nécessité de l'intérêt sont des conséquences néces-

saires du principe de propriété ; contester l'un, c'est
contester l'autre. Prohiber l'intérêt, outre que c'est
apporter une restriction arbitraire à la liberté des
contrats, c'est pousser le producteur à la dissipation
des choses produites, c'est par conséquent accroitre
la rareté des produits, diminuer la somme de travail à offrir à l'ouvrier, et en fin de compte réduire
à la misère un très-grand nombre de familles. Cette
prétendue réforme est d'ailleurs peu nouvelle, car
nombre de législations anciennes ont interdit le
prèt à intérèt, et n'ont jamais réussi qu'à entraver
les transactions, à nuire au commerce honnête, et à
faire la fortune de quelques usuriers, classe peu scrupuleuse, en général, sur la légalité de ses opérations. L'envie seule peut inspirer des aberrations aussi
étranges : mais est-ce sur une telle base qu'on prétendrait fonder quelque chose de solide? La science
impartiale est un guide plus avouable et plus sûr.
Elle montre un concours harmonieux là où d'autres prétendent apercevoir une hostilité systémati-
que. Elle proclame la solidarité de tous les hommes,
le parallélisme final de tous leurs intérêts, et contribue ainsi à éteindre leurs haines, à effacer leurs
divisions. Sans doute elle n'offre pas à l'ignorance
des masses l'appât d'un bonheur chimérique, mais
elle fait briller aux yeux de tous les lois du progrès
naturel : comme Milton, mais à un tout autre point
de vue que lui, elle justifie l'ordre établi par la Providence[1]. *Augmentation du capital, diminution du taux*

---

[1]   And justify the ways of God to men.

(MILTON, *Paradise lost*, book I, v. 26.)

*de l'intérêt, accroissement des salaires, amélioration
du sort des travailleurs* [1], telles sont les conquêtes
quotidiennes qu'elle signale, conquêtes accomplies
sans bruit par le travail, par le respect du droit, par
le sentiment de la responsabilité humaine. Hors de là,
il n'y a que les trompeuses promesses des ambitieux,
et la crédulité de ceux qu'ils endoctrinent.

§ II.

Quel est le rôle des machines dans cette transformation graduelle du sort de l'homme, dans cette
amélioration continue de notre condition ici-bas ?

Elles nous permettent d'abord de tirer un parti
utile de forces naturelles qui autrement ne nous
seraient d'aucun secours ; sans machines, nous ne
ferions rien des moteurs animés, ni des chutes d'eau,
ni de la vapeur ; notre travail personnel devrait
suffire à tous nos besoins. Combien faudrait-il les
restreindre !

De nombreux exemples nous ont fait voir que la
plupart des machines ont pour objet d'épargner aux
hommes des efforts pénibles, et qu'elles réclament
seulement la direction de l'ouvrier ; à ce point de
vue, ce sont les plus puissants agents d'émancipation
que l'on connaisse.

---

[1] Il serait facile de faire voir que la rémunération croissante du
travail et la dépréciation croissante du capital ont pour effet d'effacer
graduellement la distinction du riche et du pauvre. Déjà aujourd'hui
l'échelle sociale présente un si grand nombre d'échelons serrés les
uns contre les autres, qu'il est impossible de dire quel niveau précis
sépare la richesse de la pauvreté.

Elles font très-vite l'ouvrage qui leur est confié, et procurent ainsi une économie de temps. Or, plus le monde devient vieux, plus le temps acquiert de valeur. On commence à comprendre en France la maxime anglaise : *Time is money*. Le temps, disait Franklin, est l'étoffe de la vie. Les machines allongent donc la durée de notre vie, en nous permettant d'en accroître l'activité.

Elles contribuent dans une large mesure à faire vivre sur un espace donné une population considérable.

Reportons-nous par la pensée à la vie primitive, et imaginons une tribu sauvage, sans capital, sans machines, sans outils, occupant une certaine étendue de terrain. Pour subsister, elle n'a d'autres ressources que les produits naturels, quelques fruits, quelques racines, un peu de gibier si elle peut l'atteindre, un peu de poisson si elle parvient à le pêcher. De tels moyens sont très-précaires, ils exigent un travail incessant, et la population se limitant de toute nécessité sur les subsistances qui lui sont offertes, nous pouvons sans exagération évaluer en moyenne à une lieue carrée le terrain nécessaire à l'entretien de chaque individu.

Bientôt on invente des armes, des outils ; on tend des piéges aux bêtes sauvages, on rassemble des troupeaux, on commence à cultiver la terre. Les produits deviennent aussitôt plus abondants, la vie est mieux assurée, et la population augmente en proportion.

Franchissons un grand nombre de siècles, et arrivons aux temps modernes. Au lieu d'un homme par lieue carrée, vivant misérablement sur un terrain immense dont il ne sait pas tirer parti, nous trouvons :

En France,   69 âmes par kilomètre carré.
En Angleterre, 100   —   —
En Hollande,   112   —   —
En Belgique,   164   —   —

A Paris, dix-huit cent mille hommes sont réunis dans un espace de 9,500 hectares environ. Un prodige continu de la mécanique fait vivre l'immense population qui se presse entre les murs de la grande cité[1]. Chaque matin, les chemins de fer lui apportent sa provision de lait, bientôt consommée en quelques heures ; chaque jour les bornes-fontaines nettoient ses rues, les égouts les assainissent, le gaz s'allume pour les éclairer.......

Si Paris assiégé, et croyant toujours à un secours qui ne devait pas arriver jusqu'à lui, a pu supporter pendant cinq mois le blocus le plus rigoureux, c'est en grande partie grâce au concours des machines. On avait en toute hâte approvisionné la ville ; par malheur les bouches inutiles y étaient nombreu-

---

[1] On peut se faire une idée de la consommation annuelle de la ville de Paris par les nombres suivants, qui représentent les quantités transportées par voie ferrée :

Bœufs. . . .   250,000 têtes (1865). . .
Moutons. . .   850,000 »   »
Porcs. . . .   400,000 »   »
Lait. . . . . 95,000,000 litres (1865),
Bière.. . . . . 20,000,000 »   (1866).

ses. Les populations des environs étaient accourues s'abriter au dedans de ses murailles, apportant à la place de médiocres ressources et de grands besoins. Le chiffre de la population en décembre 1870 dépassait 2 millions d'âmes, sans compter l'armée. On épuisa en trois mois les provisions de farine; il fallut alors vivre sur les approvisionnements de grains. Des moulins furent installés dans les gares de chemins de fer et dans les grands établissements industriels : fixé d'abord à 100, le nombre des paires de meules fut porté à 300 vers le 15 novembre 1870, et il atteignit 343 vers le 15 décembre, sans compter 300 paires de meules verticales de petit modèle installées à l'usine Cail, et 50 paires fonctionnant en dehors de l'enceinte à l'abri des forts. A partir du milieu de décembre, « l'alimentation de la capitale en pain a été liée exclusivement à la marche des moulins[1]. »

Dans son Mémorandum adressé en octobre 1870 aux puissances étrangères, M. de Bismark annonçait que si la capitulation de Paris était retardée jusqu'à l'épuisement des vivres, « il en résulterait infailliblement la mort de centaines de milliers d'individus. » Les machines ont fait mentir cette lugubre prophétie. Bien qu'on ait tenu jusqu'à la dernière extrémité, la mortalité s'est élevée pendant la durée du siége, depuis le 18 septembre 1870, commencement du blocus, jusqu'au 24 février 1871, fin du ravitaillement, à 64,154 décès. La même période

---

[1] *La Mouture des grains pendant le siége de Paris*, 1872; Mémoire par M. Cheysson, Imprimerie nationale, page 8.

un an auparavant, en pleine prospérité, donnait un chiffre de 21,978 décès. La mortalité a donc triplé, pas tout à fait si l'on tient compte de l'accroissement sensible de la population parisienne pendant les épreuves du siége. Il y a loin de là aux centaines de milliers d'individus dont la fin prématurée inspirait à M. de Bismark une si charitable inquiétude. Les machines ont pu conjurer ce triste sort, en utilisant toutes les ressources disponibles pendant le siége, et en accélérant le ravitaillement après la capitulation.

Grâce à elles, on peut dire en effet qu'il n'y a plus de famine à craindre. Autrefois, la vie des populations était pour ainsi dire locale. Chaque centre habité exploitait autour de lui un cercle d'un certain rayon. Si un accident venait à s'y produire, si l'année était trop sèche ou trop humide, si une épizootie meurtrière venait décimer le bétail, aussitôt la vie des habitants était en péril ; on était, suivant la gravité des cas, menacé de disette ou de famine. Or rien n'influe davantage sur la mortalité que l'insuffisance de nourriture ; un grand nombre d'épidémies n'ont pas d'autre cause[1]. L'extension de plus en plus grande des moyens de communication concourt avec les perfectionnements des arts agricoles pour rendre ces calamités de plus en plus rares et

[1] L'élévation accidentelle du prix du pain suffit pour amener à Paris une augmentation sensible du nombre des décès dans l'année où elle se produit et dans l'année suivante. Les *bons de pain,* que l'as-. sistance publique distribue alors, soulagent les plus pauvres, mais la rareté des subsistances n'est pas diminuée. Les mesures de bienfaisance déplacent les souffrances plutôt qu'elles ne les suppriment.

de plus en plus inoffensives. Une disette est toujours locale, car les conditions de sécheresse ou d'humidité qui nuisent à la production sur un point particulier l'augmentent nécessairement sur quelque autre. La rareté des produits sur le point frappé y amène une élévation des prix. Cette élévation détermine le commerce à diriger ses envois de ce côté. Bientôt l'apport étranger vient restreindre la hausse, et rétablit sur le marché en souffrance une abondance relative.

Même en dehors des années calamiteuses, nul ne se condamne plus aujourd'hui à consommer exclusivement les produits, nécessairement peu variés, de la localité qu'il habite : toutes les parties de la terre nous fournissent les objets utiles à notre vie. Le plus pauvre Européen est vêtu de coton, il met du poivre dans ses ragoûts ; qu'il boive une tasse de café, ou qu'il prenne du quinquina parce qu'il a la fièvre, son luxe, sa santé, son bien-être mettent le monde entier à contribution.

Utiles pour exploiter un pays ancien, les machines ne le sont pas moins pour mettre en valeur un pays nouveau. Elles fournissent à la colonisation un secours presque indispensable. C'est grâce aux steamers et aux appareils pour l'exploitation des gisements d'or, que la colonie anglaise de l'Australie s'est plus rapidement développée dans les trente dernières années, qu'elle ne l'avait fait depuis la prise de possession de cette île immense. On évaluait à 180,000 âmes la population de l'Australie en 1855. C'était peu pour un continent à peu près égal en surface à toute l'Europe. Aujourd'hui Melbourne seul compte près de 140,000 habitants, et la population de la colonie anglaise dépasse 5 millions.

Une population nombreuse ne prouve pas toujours, assurément, la prospérité d'un État. L'augmentation de population est un excellent symptôme quand elle est accompagnée d'un progrès dans la richesse ; mais elle peut aussi quelquefois se résumer dans la multiplication du nombre des infirmes et des misérables. La durée de la vie moyenne donne à l'économiste une meilleure base d'appréciation que le chiffre brut de la population totale. Ce dernier chiffre est le produit de deux facteurs, dont l'un exprime le nombre annuel des naissances, et l'autre le nombre d'années vécues en moyenne par chaque personne ; de même, la force numérique d'une armée se mesure, abstraction faite des déchets, en multipliant le nombre des jeunes gens enrôlés chaque année sous les drapeaux, par la durée moyenne du service. Ainsi une population de 30 millions d'âmes peut résulter de 750,000 naissances annuelles, avec une vie moyenne de 40 ans, aussi bien que d'un million de naissances annuelles avec une vie moyenne de 30. La première combinaison dénote un état plus florissant que la seconde : car c'est elle qui présente le plus grand nombre d'hommes faits, c'est-à-dire d'hommes en état de travailler et de produire.

En chaque pays, le mouvement de la population suit une certaine loi, cas particulier d'une loi plus complexe et plus générale. Très-rapide en Russie, où l'immensité du territoire et le développement tout récent de la richesse publique lui promettent pour l'avenir une extension encore plus grande, l'accroissement de la population est considérable aussi en Angleterre et en Allemagne, bien que sa densité déjà grande refoule chaque année un trop-plein vers la colonisation des pays éloignés. En France, la population reste en ce moment stationnaire, après avoir suivi un accroissement rapide à partir du commencement de ce siècle[1]. L'augmentation de la vie moyenne, qui de 35 ans a passé à 39 et à 40 dans la même période, dénote une élévation certaine du bien-être général. Partout et toujours, l'étendue des ressources forme pour la population comme un niveau infranchissable : la misère, la maladie, puis la mort, fauchent impitoyablement tout ce qui tend à dépasser ce niveau fatal. Et voilà comment l'activité, l'esprit d'ordre et de conservation, l'intelligence, le développement des machines et de l'industrie, peuvent en élevant ce niveau influer sur le nombre des hommes et sur la puissance des États. Dans cette lutte pacifique entre les divers peuples, malheur aux nations qui s'abandonnent ! On ne peut mesurer pour elles l'abime de la décadence. L'Espagne était toute-puissante sous Charles-Quint et sous Philippe II. Un siècle plus tard, appauvrie, dépeuplée, elle commençait à descendre la pente qui mène à la ruine. Même phénomène en Turquie. Quelques siècles d'oi-

---

[1] Population de la France en 1700, 19,669,000 habitants ; en 1791, 26,363,000 ; en 1821, 30,465,291 ; en 1836, 33,540,910 (528,000 kil. carrés) ; en 1866, 38,067,094 (après l'annexion de Nice et la Savoie) ; en 1872, 36,102,921 (après la cession de l'Alsace-Lorraine).

siveté ont fait fondre la population conquérante au sein des populations conquises, et dans cet empire ottoman, protégé par sa propre faiblesse, on a peine à retrouver l'héritier de ces farouches Osmanlis, dont le nom seul faisait autrefois trembler l'Europe. Des deux côtés, la paresse, l'insouciance, et sans doute aussi l'idée orgueilleuse qu'il est noble de ne rien faire, ont suffi pour opérer ces métamorphoses.

Veut-on mesurer le mérite relatif des nations au point de vue industriel, qu'on observe non pas seulement les produits de leur travail, mais les outils, les machines, les procédés au moyen desquels elles les obtiennent. C'est la vraie pierre de touche pour une telle comparaison. L'invention de nouveaux engins, la création de nouvelles méthodes témoignent de l'activité des esprits, et permettent de distinguer les peuples qui marchent dans la voie du progrès, de ceux qui se bornent à suivre des pratiques surannées, léguées par les traditions de leurs pères.

§ III.

Nous venons de voir comment les machines contribuent au progrès général. Examinons les principaux obstacles qui peuvent l'entraver.

Au premier rang, il faut placer la guerre.

Il y a plusieurs espèces de guerres. Il y a des guerres de conquête, des guerres d'opinion, des guerres de religion, des guerres de rivalité politique, des guerres de rivalité commerciale. La science économique, à peine ébauchée il y a deux cents ans, a parfois inspiré la conduite des gouvernements. Quelques-uns ont cru servir les intérêts de leur nation en déclarant la guerre aux nations voisines. Les pouvoirs qui se sont succédé en France depuis Louis XIV jusqu'à Napoléon Ier, ont presque tous admis comme un axiome indiscutable que les nations ont des intérêts contraires et qu'au mal souffert par l'une correspond nécessairement un bien pour les autres. Sur cette notion vague de la contradiction des intérêts, ils n'hésitaient pas à lancer le pays dans toutes les calamités de la guerre, bien convaincus, par exemple, qu'une perte infligée à l'Angleterre profiterait forcément à la France. L'expérience démontrait cependant, par de sévères leçons, que, pour faire du mal à son voisin, il faut commencer par s'en faire à soi-même. Le bénéfice de toutes ces savantes opérations était toujours l'accroissement des charges de l'État et de la misère des particuliers.

Petit à petit, la science se développant répudiait une à une les idées inexactes qui avaient germé autour de son berceau. Elle condamne aujourd'hui la guerre d'une manière absolue.

Ce grand tout solidaire qu'on appelle l'humanité profite de tout ce qui est produit et souffre de tout ce qui est détruit en pure perte. La guerre nous prive à la fois et du capital réellement détruit et de celui qui aurait pu être créé. A la fin, tout le monde se trouve plus pauvre, sauf peut-être quelques particuliers, au profit desquels les autres ont tiré les marrons du feu. La guerre est en un mot une absurdité économique : notion précieuse de la science mo-

derne, qui sans doute aura plus de poids que les
rêveries sentimentales. de l'abbé de Saint-Pierre,
pour faire triompher les doctrines pacifiques, le jour
où les peuples plus éclairés deviendront tant soit peu
raisonnables.

Remarquons que déjà la guerre a perdu ce caractère d'acharnement sauvage qui en faisait autrefois
la plus funeste de toutes les calamités. On ne mange
plus les prisonniers[1], on ne les réduit plus en esclavage. La plus sanglante campagne est entrecoupée de
conventions, d'armistices, d'échanges de communications, toujours rédigées dans les meilleurs termes,
entre les généraux ennemis. Cette invasion du principe des contrats et de la politesse sur le terrain de
la violence manque assurément de logique, mais
nous paraît de bon augure. Tous ceux qui ont quelque souci des maux de leurs semblables ont applaudi
à la *Convention de Genève*, qui protége avec tant de
soin les blessés sur les champs de bataille. Espérons
qu'un jour viendra où cette convention sera complé-
tée, et qu'on étendra à l'homme intact et bien portant
une égale sollicitude.

Après la guerre, l'un des plus sérieux obstacles
au progrès général est dans ces règlements qui im-
posent à l'industrie de notre époque des contraintes
inspirées par les idées d'un autre âge. C'est en pareille matière surtout qu'il faut se méfier du style
figuré si cher aux abus quand ils plaident leur pro-

---

[1] Toussenel fait observer que « de toutes les guerres que les
hommes se font, celle où l'on se mange est la seule rationnelle. »
(*Esprit des bêtes*, le Chien.)

pre cause. « Les médecins, disait Paul-Louis Cou-
rier, m'ont pensé tuer, voulant me *rafraîchir le sang;*
celui-ci m'emprisonne de peur que je ne vende, du
poison; d'autres laissent *reposer* leur champ, et nous
manquons de blé au marché. Jésus mon Sauveur,
sauvez-nous de la métaphore[1]! » Rien n'est plus
beau, rien n'est plus touchant, à première vue, que
la *protection de l'industrie et du travail national.* Or
cette protection a pour but d'élever les prix des objets utiles, d'en accroître la rareté, et de permettre
en retour à l'industrie qui les fabrique une plus
grande dose d'inactivité et de mollesse. La *protection
de l'agriculture française* a, pendant de longues années, conservé le mécanisme compliqué de l'*échelle
mobile* qui, par l'indécision dans laquelle elle laissait
le commerce extérieur, retardait l'importation des
blés étrangers au moment même où la disette la ré-
clamait de la manière la plus urgente. Avant de protéger, on aurait dû se demander qui et quoi : le
consommateur et le producteur ayant des intérêts
contradictoires sur chaque question spéciale qu'ils
ont à débattre ensemble, on ne peut favoriser l'un
qu'aux dépens de l'autre. Le système protecteur fa-
vorise ouvertement les producteurs, et encore pas
tous, en les dérobant à la concurrence étrangère,
mais c'est le consommateur, ou, en d'autres termes,
c'est tout le monde qui paye les frais de cette protection.

L'économie politique condamne la protection doua-

---

[1] *Pamphlet des pamphlets.*

nière, parce que les mesures soi-disant protectrices
se résument dans la création d'obstacles à la production ou à la circulation des richesses; le vrai progrès
consiste à écarter, ou du moins à atténuer autant
qu'on le peut les obstacles naturels, et non pas à en
créer d'artificiels. L'ouverture d'un chemin de fer est
utile, par exemple, parce que le chemin de fer rend
les transports plus faciles et moins coûteux; si sur
ce chemin de fer, au point où il traverse la frontière
de deux États, les douanes viennent établir leur
barrage administratif, n'est-ce pas détruire en partie d'une main le bienfait qu'on produit à grand'
peine de l'autre?

La douane peut être simplement *fiscale*, comme un
octroi ou un péage, dont le produit est destiné à alimenter le trésor public. Un impôt de cette nature doit
être léger pour être productif; il ne produirait rien,
si le taux en était assez élevé pour équivaloir à une
prohibition absolue. Cet impôt douanier n'a pas d'ailleurs le caractère de protection qu'on attribue généralement à la douane.

En résumé, la science, d'accord en cela avec une
expérience déjà longue, condamne le système protecteur. Une industrie protégée reste généralement en
arrière; non protégée, elle se transforme ou fait de
rapides progrès. L'homme est d'une nature assez
paresseuse, pour qu'on n'ait pas à imaginer des mesures légales qui encouragent son mauvais pen-
chant. Si, comme il est juste, on mesurait la protection, non pas au degré de l'insouciance qu'elle
permet à une industrie, mais au degré de l'activité

qu'elle stimule, on reconnaîtrait qu'il n'y a pas plus de deux industries protégées par le système des douanes : l'industrie du douanier et celle du contrebandier, et l'on regretterait qu'elles soient aussi florissantes.

La guerre et la douane dépendent des gouvernements, sur lesquels l'opinion publique pèse quelquefois, et pas toujours dans le sens de la vérité et de la justice. Mais voici d'autres entraves au progrès, qui sont imputables aux simples particuliers : nous les prenons au hasard dans la longue liste des préjugés les plus répandus.

Certains ouvriers se croiront de hardis novateurs, parce qu'ils réclament l'*organisation du travail*. Ils sont, au contraire, des réactionnaires de la pire espèce. Certes, l'abolition des corps de métiers, et la proclamation de la liberté du travail, avec son correctif, la responsabilité personnelle, ont été des mesures libérales et émancipatrices ; personne n'oserait proposer aujourd'hui de revenir à un régime qui faisait du droit de travailler un privilège vendu par l'État et un monopole attribué à des corporations particulières. Mais qu'on y songe bien, toute organisation du travail est une atteinte à la liberté ; elle blesse les droits de l'ouvrier tout autant que ceux du patron. Dès que le contrat qui les lie a été librement consenti de part et d'autre, la loi ne doit intervenir que pour le faire respecter par celle des parties qui chercherait à l'enfreindre. La vieille idée de *privilège* se trouve au fond de ces regrets inconscients qu'on prend pour des espérances. Nous aimons tous le privilège,

pourvu, bien entendu, qu'il soit établi à notre profit.
Mais un privilége [1] est forcément une loi d'exception
en faveur d'un petit nombre, et il y aurait à la fois
contradiction dans les termes et impossibilité mani-
feste à prétendre créer un privilége au profit de la
généralité des hommes; car il faut bien qu'il reste
quelqu'un pour en supporter la dépense.

La doctrine du *droit au travail*, qui, pour un moment, a tant passionné le monde des travailleurs, est
aussi une théorie rétrograde qui mènerait à l'asser-
vissement de l'ouvrier. Un serf du moyen âge était un
paysan attaché à la glèbe; son droit au travail n'était
pas contesté; ce qu'on lui refusait, c'était le droit,
tout aussi précieux, de quitter sa terre si bon lui
semblait, pour aller chercher ailleurs des occupations plus lucratives ou plus agréables. Aujourd'hui,
l'ouvrier est libre de porter ses bras là où il en
trouve l'emploi le plus avantageux. Il n'en serait
plus de même s'il avait le droit d'exiger du travail.
L'État, mis en demeure de fournir un salaire à chacun, aurait apparemment la faculté de diriger celui-ci vers tel chantier, celui-là vers tel autre. Une
fois enrôlé, l'ouvrier n'aurait plus le droit de quitter
son chantier pour aller ailleurs créer à l'État l'em-
barras de lui trouver un autre travail. Fonctionnaire
d'un nouvel ordre, il ne serait pas admis à donner sa
démission; autrement, il pourrait, en retombant dans
la misère, reconquérir le titre qui lui vaudrait un ré-
engagement. L'État, pour ne pas succomber sous une

---

[1] *Privata lex.*

pareille charge, aurait, non-seulement le droit, mais
le devoir, de surveiller la conduite de chacun. Bref,
la reconnaissance du droit au travail conduirait
à enrégimenter les travailleurs, à les mener comme
des soldats, sans consulter ni leurs goûts ni leurs
préférences, et à employer des mesures discipli-
naires comme correctif de leur paresse. Beaucoup
de frais pour un mince produit, voilà, comme on l'a
vu dans tous les essais d'ateliers nationaux, le résultat
économique d'un mode d'exploitation si peu appro-
prié à notre nature.

Si les doctrines socialistes nuisent au progrès, en
égarant les masses, on peut en dire autant de cet esprit révolutionnaire qui parfois les soulève et les fait
agir au rebours de leurs intérêts les plus chers. Un
préjugé opiniâtre contribue à mettre les prolétaires
au service des tribuns et des perturbateurs : *Celui
qui n'a rien*, dit-on, *ne peut rien perdre*. Sur la foi
de ce proverbe trompeur, on se croit désintéressé
dans les questions qui s'agitent autour de soi, on s'y
compromet sans réflexion, et on s'aperçoit trop tard
que l'homme qui n'a rien est de tous, au contraire,
celui qui a le plus grand besoin de la prosperité
générale et de la tranquillité publique. Vivant exclusivement du travail de ses bras, si le travail cesse,
comme il arrive à la suite des désordres de la rue, le
prolétaire perd son salaire, c'est-à-dire perd tout. Le
voilà dans une position bien plus misérable assurément que celui auquel la possession d'un capital, si
petit qu'il soit, permet d'attendre des temps plus
heureux.

L'idée que la destruction peut parfois être utile doit être classée aussi au nombre des plus regrettables préjugés. Tantôt cette idée inspire des violences qui se retournent contre les coupables. Lorsque, sous la Révolution, il n'y avait pas assez de grains au marché, on pillait les magasins des *accapareurs* ; en d'autres termes, on gaspillait en pure perte une partie de ce blé qu'on accusait d'être trop rare, et on effrayait le commerce qui seul aurait pu en apporter du nouveau [1]. D'autres fois, la même idée se traduit par des appréciations plus naïves et plus innocentes. *Cela fait aller le commerce*, dit-on par exemple quand une porcelaine se casse, comme si la destruction d'un objet augmentait les ressources de celui qui le possède ; comme si cet accident pouvait avoir d'autre résultat que de détourner vers le commerce de la porcelaine une somme qui aurait *fait aller* un autre commerce, si l'emploi en était resté libre !

Les abus de tout genre, l'abus du vin et des boissons alcooliques, l'abus du tabac, l'usage du haschisch ou de l'opium en Syrie, en Chine et dans l'Inde, se rattachent encore à la série des préjugés invétérés. L'emploi immodéré des narcotiques, des stupéfiants, et de tous les moyens artificiels par lesquels l'homme parvient à engourdir son intelligence et à perdre le sentiment de sa responsabilité, est un suicide partiel, reprouvé par la morale et par l'hygiène. L'économie politique se borne à en constater les déplorables conséquences.

[1] Proclamation du maire Pache à ses concitoyens (juillet 1793). (Thiers, *Révolution française*, Convention nationale, chap. IX.)

C'est surtout à propos de l'utilité des machines que les préjugés se donnent libre carrière. Le caractère routinier de l'homme se montre là dans tout son jour. Nous avons vu les bateliers du Weser mettre en pièces le bateau à vapeur de Papin. Cette méfiance de l'ouvrier à l'égard de toute machine nouvelle vient de ce que les machines travaillent mieux que lui, plus vite et à moins de frais ; l'adoption d'un tel auxiliaire va permettre de faire la même quantité de travail avec moins de main-d'œuvre : et voilà des ouvriers furieux à la pensée de perdre leur ouvrage. Que n'ont-ils un peu plus de foi dans l'avenir ! Leur prospérité se rétablit toujours au bout d'une période transitoire, qui tend à devenir de plus en plus courte à mesure du développement général de l'industrie. La consommation, stimulée par l'abaissement des prix, s'accroît au point de réclamer une production plus abondante ; et bientôt l'industrie améliorée par les machines réclame le travail d'un plus grand nombre de bras qu'auparavant, et leur assure de meilleurs salaires. Nous l'avons fait voir à propos des machines à coudre. Le même phénomène a été bien sensible sur les voies de communication. Autrefois, les diligences qui exploitaient les routes de la France entretenaient un grand nombre de chevaux et de postillons. Le personnel de ces entreprises attendait l'ouverture des chemins de fer comme un accusé peut attendre l'arrêt qui le condamne. La transition n'a même pas été difficile. Les chemins de fer ont décuplé la circulation dans toutes les régions où ils ont été établis, et ils emploient, pour le mouvement de leurs omnibus, de leurs camions, de leurs correspondances et pour les manœuvres des grandes gares, plus de chevaux que les anciennes diligences. Pareille observation s'applique aux voies navigables en concurrence avec les voies ferrées. On pouvait croire la navigation détruite sur la Seine par l'ouverture du chemin de fer entre Paris et Rouen ; l'incendie des ponts de cette ligne, en 1848, montre bien que telle était l'opinion des mariniers de la Seine, dignes émules de ceux du Weser. Loin de là, la navigation s'est développée concurremment avec le mouvement du chemin de fer, et l'accroissement du tonnage transporté a suffi pour faire vivre en paix les deux industries rivales.

Les hommes dépossédés par une invention nouvelle sont libres, il est vrai, de se refuser pour un temps aux transformations que cette invention rend nécessaires. Dix ans après l'ouverture du chemin de fer de Pétersbourg à Moscou, on voyait encore, sur la chaussée qui joint ces deux villes, les *iamchtchiks* de la poste occupés à attendre les voyageurs qui ne passaient plus sur cette route. « Que faire, disaient-ils ? Changer de métier ? N'être plus *iamchtchiks* ? Mais nos pères l'étaient avant nous ! »

C'est cette routine générale qui rend parfois si cruelle la position d'un inventeur, j'entends d'un vrai inventeur, et non pas de celui qui apporte seulement à la société la prétention à une découverte. Le service qu'un inventeur rend à l'humanité est d'autant plus complet qu'il tranche davantage avec les anciennes habitudes ; l'inventeur n'en a que plus de peine à convaincre ses contemporains. Traité ici de rêveur, là d'intrigant, il pourra user sa vie dans des luttes quotidiennes, trop heureux si le succès définitif vient un jour consoler sa vieillesse, et assurer à son nom une gloire tardive et méritée.

§ IV.

Le progrès industriel paraît faire partie de nos destinées. Sans être fatalistes, nous pouvons affirmer qu'il prévaudra, en dépit des obstacles que les préjugés et les vices de quelques-uns, que la paresse d'esprit et la frivolité de beaucoup d'autres entassent à l'envi sur son chemin.

Son triomphe importe également à la liberté humaine, au développement de la science, à notre bonheur à tous et au bonheur des générations qui succéderont à la nôtre. Le progrès industriel est le progrès libéral par excellence. Sans industrie, l'homme aurait depuis longtemps cédé la place aux animaux mieux pourvus que lui à tant d'égards. Sans elle, l'esclave serait encore attaché au moulin à bras ; à peine l'agriculture fournirait-elle de quoi nourrir ceux qui cultivent. Sans industrie enfin, point de science, point d'art, point de professions libérales ; à leur place, une préoccupation absolue, la même pour tous, l'entretien d'une vie misérable, toujours menacée par la faim.

Ce progrès, comme toutes choses en ce monde, a cependant certains aspects fâcheux. Pour ne parler que de l'un de ces aspects, la division du travail, condition nécessaire de tout perfectionnement, n'est pas sans inconvénient quand on la pousse à ses dernières limites. Elle forme d'étroites spécialités. Ainsi traité, l'homme dégénère facilement. Au point de vue moral, la division du travail tend à développer une aptitude au détriment de toutes les autres : résultat aussi contraire à l'hygiène de l'âme, que l'hypertrophie d'un organe et le dépérissement de tous les autres le sont à la santé du corps.

Être complexe, l'homme a les besoins les plus variés : de même qu'il est omnivore au physique, il réclame pour son entretien moral plus d'une sorte de pâture. Qu'on se garde de lui rien refuser à cet égard ; surtout, qu'on n'aille pas déplorer, comme certains moralistes de mauvaise humeur, les effets de cette salutaire passion, si sympathique au cœur humain, que Fourier appelait du nom caractéristique de *papillonne !* Le repos, la lecture, la conversation, la rêverie même, pourvu qu'elle ne devienne pas pour nous l'occupation principale, sont autant d'utiles distractions qui coupent la série de nos efforts, et nous mettent en état de les renouveler plus tard dans des conditions plus favorables.

A prendre les choses de plus haut, il semble que l'esprit positif, qui profite si largement aujourd'hui des progrès scientifiques déjà réalisés, deviendrait bien vite, une fois réduit à ses seules forces, impuissant à en provoquer de nouveaux. Bacon avait remarqué que la Nature ne se laisse pas réduire en formules ; elle brise les cadres dans lesquels on prétendrait l'enfermer. De même, il n'y a pas de perfectionnement à espérer de la mutilation de la nature humaine. Ce qui assure la continuité du progrès, ce n'est pas une doctrine particulière, devenue la maîtresse absolue des intelligences, et réduisant au silence toutes les opinions dissidentes. C'est, au contraire, la libre discussion entre des doctrines opposées, c'est l'émulation des écoles rivales aux prises les unes avec les autres[1]. Là paraît être le secret de tous les perfectionnements. Que ce principe d'émulation fasse défaut, et le mouvement général s'arrête. Nul peuple n'a devancé la Chine dans la voie du progrès matériel; et pourtant, depuis des siècles, pas un nouveau progrès n'a été accompli par ce peuple, le plus strictement positif de la terre.

Ne craignons pas pour nous un pareil amoindrissement. La race européenne semble avoir reçu l'empreinte du rayon divin. Race des grands philosophes et des grands poëtes, elle ne reniera point un passé glorieux, elle ne faillira point à la haute destinée qui l'attend. L'esprit positif s'y développera, nous l'espérons, mais il gagnera en étendue en même temps qu'en précision : poésie, art, science abstraite, esprit religieux, il n'étouffera aucune des nobles prérogatives de l'espèce humaine.

---

[1] Comp. Guizot, *Histoire de la civilisation en Europe*, leçon II.

FIN.

TABLE DES GRAVURES

TABLE DES MATIÈRES

PARIS. — IMP. SIMON RAÇON ET COMP., RUE D'ERFURTH, 1.

www.ingramcontent.com/pod-product-compliance
Lightning Source LLC
Chambersburg PA
CBHW060406200326
41518CB00009B/1268